国网山东省电力公司应急管理中心　组织编写

电力应急救援培训系列教材

化学事故电力应急救援

魏峰　主编

中国水利水电出版社
www.waterpub.com.cn
·北京·

内 容 提 要

本书是《电力应急救援培训系列教材》中的一本，针对电力企业的危险化学品事故和化工企业危险化学品事故对电力系统的危害，结合当前电力应急救援工作的实际，在国网山东省电力公司应急管理中心应急救援实训场培训讲义的基础上，几易其稿，形成《化学事故电力应急救援》一书。本书共分十章，主要内容包括：化学品概述、国内外危险化学品事故案例、应急管理相关法律法规、化学物中毒基础知识、化学毒物危害的识别与评估、个体防护、侦检器材与侦检技术、化学事故下的自救与互救、化学事故与电力应急响应、应急队伍训练等。

本书内容丰富，图文并茂，讲解细致，易于理解，具有较强的可操作性，适合作为电力行业特别是电网企业员工的应急救援培训教材，也可供其他行业有关人员和志愿者了解危险化学品事故灾害救援、自救互救知识时参考。

图书在版编目（CIP）数据

化学事故电力应急救援 / 魏峰主编 ; 国网山东省电力公司应急管理中心组织编写. -- 北京 : 中国水利水电出版社, 2020.10
电力应急救援培训系列教材
ISBN 978-7-5170-8949-0

Ⅰ. ①化… Ⅱ. ①魏… ②国… Ⅲ. ①化学工业－安全事故－电力系统－救援－技术培训－教材 Ⅳ. ①TM7

中国版本图书馆CIP数据核字(2020)第196120号

书　　名	电力应急救援培训系列教材 **化学事故电力应急救援** HUAXUE SHIGU DIANLI YINGJI JIUYUAN
作　　者	国网山东省电力公司应急管理中心　组织编写 魏　峰　主编
出版发行	中国水利水电出版社 （北京市海淀区玉渊潭南路1号D座　100038） 网址：www. waterpub. com. cn E-mail：sales@waterpub. com. cn 电话：(010) 68367658（营销中心）
经　　售	北京科水图书销售中心（零售） 电话：(010) 88383994、63202643、68545874 全国各地新华书店和相关出版物销售网点
排　　版	中国水利水电出版社微机排版中心
印　　刷	天津嘉恒印务有限公司
规　　格	184mm×260mm　16开本　14.5印张　353千字
版　　次	2020年10月第1版　2020年10月第1次印刷
印　　数	0001—3000册
定　　价	**95.00**元

《化学事故电力应急救援》
编　委　会

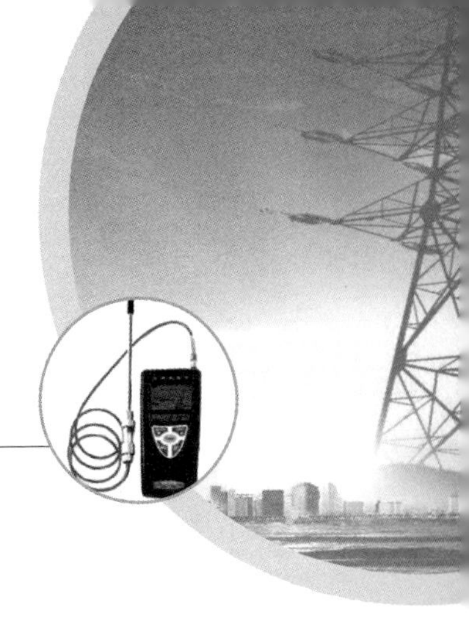

前　言

改革开放以来，科学技术的不断进步和工业化进程的不断加速，化学工业生产规模不断扩大，化学新材料、新产品不断更新，给人民群众的生活带来了极大的便利。但随之而来的化学事故，特别是危险化学品重大事故也不断发生。据统计，2000—2010年，我国危险化学品事故呈逐年上升趋势，2010年以后，政府对危险化学品生产、储存、流通等环节管控越来越严格，年事故率有所下降，但重大危险化学品事故仍时有发生。2013年，东黄输油管线事故造成62人遇难、136人受伤。2015年，天津滨海新区化学品仓库爆炸事故，造成173人遇难。此类事故导致了人员伤亡、财产损失，造成了恶劣的社会影响。

习近平总书记指出，坚持以防为主、防抗救相结合，坚持常态减灾和非常态救灾相统一，努力实现从注重灾后救助向注重灾前预防转变，从应对单一灾种向综合减灾转变，从减少灾害损失向减轻灾害风险转变，全面提升全社会抵御自然灾害的综合防范能力。习近平总书记强调，要始终把人民生命安全放在首位。安全生产为人民群众筑牢安全屏障，撑起生命绿荫。公共安全是社会安定、社会秩序良好的重要体现，是人民安居乐业的重要保障。安全生产必须警钟长鸣、常抓不懈。

“十三五”时期，国家制定并推行《石化产业规划布局方案》，扭转了重大石化项目布局分散的局面，石化主业逐步向“基地化、大型化、规模化、园区化”转化。精细化工等新工艺、新技术不断出现，带动了产品质量和生产使用技术要求的提高，但同时事故风险也在增加。

电力是化工行业必需的能源，也是基础能源，而化学事故的发生往往会损毁周边的电力基本设施，导致电力供应的中断。电力应急响应会在第一时间启动，但电力应急人员在面对危险化学品事故时，往往会无知无畏，按照电力应急响应时间到达第一现场，如在2013年和2015年发生的几起重大化学事故时就出现了类似问题，所幸没有人员伤亡，但管理人员应从这些案例中看到危险，敲响警钟，做好电力应急人员现场情况判断的教育培训，训练知悉现场危害的方法，学会自我防护，安全有效地开展应急服务是电力应急响应的必备常识。电力系统极易受到自然环境等外力的影响，因外力影响而引发的电力系统的灾难在世界各国时有发生。我国电力系统亦时刻牢记发展决不能以牺牲人的生命为代价这一红线。2015年重新修订了《国家大面积停电事件应急预案》，在落实防范事故发生的基础上，加强事故应急处理能力，着力于提升减灾、控灾的应急能力。修订后预案内容更加完整，工作原则更加明确，组织指挥体系更加优化，职责分工更加明晰，应急响应机制更加健全，预案的衔接性、针对性和可操作性更强。近年来，我国化学工业快速发展，但由于管理和技术措施的相对滞后，化学品事故和特大事故时有发生，因化学品事故外力导致的电力系统瘫痪也时有发生，依据《中华人民共和国突发事件应对法》《国家大面积停电事件应急预案》中的快速应急响应的要求，电力企业应急救援队伍必须在第一时间实施响应。如何安全高效地完成化学品事故外力下的电力应急响应，一直是困扰电力应急队伍的难题。

2019年3月21日，江苏响水天嘉宜化工有限公司发生特别重大爆炸事故，损失惨重，影响恶劣，教训深刻。为此，国家能源局于4月2日发文要求切实加强电力行业危险化学品安全综合治理工作，要求各电力企业强化班组层面的危险化学品特性、“一书一签”管理，以及应急处置等方面的理论知识和实际操作技能培训，要进一步完善危险化学品专项应急预案，开展联合实战演习，确保遇有突发事件能够妥善应付、快速处置。为此，我们根据在应急实训基地开展基干分队培训的教案、讲义的基础上，结合演练的经验，编写了《化学事故电力应急救援》一书。本书整合了化学品事故下应急必备常识和个人防护及训练方案，试图解决化学品事故外力下的电力应急响应难题，为提高电力应急队伍综合响应能力消除障碍，希冀也能为相关行业提供借鉴。本书共分十章，主要内容包括化学品概述、国内外危险化学品事故案例、应急管理相关法律法规、化学物中毒基础知识、化学毒物危害的识别与评估、个体防护、侦检器材与侦检技术、化学事故下的自救与互救、化学事故与电力应急响应、应急队伍训练等。本书通过案例将危险化学品事故特点呈现给读者，并通过基础知识讲解，使读者进一步熟悉化学品知识及危害应急常识，对遇到化学品事故时如何自救逃生，如何救助遇险人员，以及在化学品事故现场开展应急响应应注意事项等问题给予解答。期望本书能为非化学专业应急队伍的学习和训练提供有益的借鉴和参考。

本书是《电力应急救援培训系列教材》中的一本，是电力基干分队的必读图书。本书内容丰富，图文并茂，讲解细致，易于理解，具有较强的可操作性，适合作为电力行业特别是电网企业员工的应急救援培训教材，也可供其他行业有关人员和志愿者了解危险化学品事故灾害救援、自救互教知识时参考。

本书在编写过程中参考了大量危险化学品事故案例和救援案例，吸收了最新的科研成果，在此，谨向文献资料作者表示诚挚的谢意。在成书的过程中得到山东蓝天救援队、国网山东省电力公司应急管理中心的大力支持，在此也一并表示衷心的感谢。

鉴于编者水平有限，时间仓促，书中难免有不妥之处，敬请读者批评指正。

作者

2020年9月

目　录

前言

第一章

化 学 品 概 述

第一节　化学品与危险化学品

一、化学和化学品

1. 化学

“化学”一词，若单是从字面解释就是“变化的科学”。化学如同物理学一样皆为自然科学的基础科学，化学是一门以实验为基础的自然科学，门捷列夫提出的化学元素周期表大大促进了化学的发展。如今很多人称化学为“中心科学”，因为化学已成为部分科学学科的核心，如材料科学、纳米科技、生物化学等。化学是在原子层次上研究物质的组成、结构、性质及其变化规律的自然科学，这也是化学变化的核心基础。现代化学下有五个二级学科，即无机化学、有机化学、物理化学、分析化学与高分子化学。

化学的历史渊源非常悠久，可以说从人类学会使用火，就已经开始了最早的化学实践活动。我们的祖先钻木取火，利用火烘烤食物、寒夜取暖、驱赶猛兽的行为就是利用了燃烧时发光、发热的现象，当时这只是一种经验的积累。化学知识的形成、化学的发展经历了漫长而曲折的道路，它伴随着人类社会的进步而发展，是社会发展的必然结果。而化学的发展又促进了生产力的发展，推动了历史的前进。

如今，化学与社会的关系日益密切。化学家们运用化学的观点来观察和思考社会问题，用化学的知识来分析和解决社会问题，例如能源危机、粮食问题、环境污染等。

化学与其他学科的相互交叉与渗透，产生了很多边缘学科，如生物化学、地球化学、宇宙化学、海洋化学、大气化学等，使得生物、电子、航天、激光、地质、海洋等科学技术迅猛发展。化学也为人类的衣、食、住、行提供了数不清的物质保证，在改善人民生活，提高人类的健康水平方面作出了应有的贡献。

2. 化学工业

化学工业又称化学加工工业，泛指生产过程中化学方法占主要地位的工业。化学工业是从19世纪初开始形成，并快速发展的一个工业部门。化学工业是属于知识和资金密集型的行业。化学工业包括基本化学工业和塑料工业、合成纤维工业、石油工业、橡胶工业、药剂工业、染料工业等。化学工业利用化学反应改变物质结构、成分、形态等生产化学产品，主要化学产品有无机酸、碱、盐、稀有元素、合成纤维、塑料、合成橡胶、染料、油漆、化肥、农药等。

化学工业是多品种的基础工业，为了适应化工生产的多种需要，化工设备的种类很多，设备的操作条件也比较复杂。按操作压力来说，有真空设备、常压设备、低压设备、中压设备、高压设备和超高压设备；按操作温度来说，有低温设备、常温设备、中温设备和高温设备。化学工业处理的介质大多数有腐蚀性，或有易燃性、易爆性、毒性、剧毒性等。有时对于某种具体设备来说，既有温度、压力要求，又有耐腐蚀要求，而且这些要求有时还互相制约，有时又经常变化。

由于化工生产具有高温高压、易燃易爆、易中毒、有腐蚀性等特点，因而较其他行业生产也具有更大的危险性。在各类爆炸事故中，化学工业占到32.4%，所占比例最大，事故所造成的损失约为其他工业的5倍。本书第二章汇集了十几例比较典型的化学品事故案例，每个案例都介绍了事故发生的经过、危害以及救援情况，对事故原因进行了深入的分析，一是要从事故中汲取深刻教训，二是要充分认识化学品事故的危害性，提高安全防范意识。

3. 化学品

所谓化学品是指各种元素（也称化学元素）以及由元素组成的化合物和混合物，无论是天然的还是人造的，都属于化学品。据美国化学文摘登录，全世界已有的化学品多达700万种，其中已作为商品上市的有10万多种，经常使用的有7万多种，每年全世界新出现的化学品有1000多种。

二、危险化学品和剧毒化学品

1. 危险品

危险品是指具有爆炸、易燃、毒害、感染、腐蚀、放射性等危险特性，在运输、储存、生产、经营、使用和处置过程中，容易造成人身伤亡、财产损毁和环境污染而需要特别防护的物质和物品。

2. 危险化学品

危险化学品是指具有毒害、腐蚀、爆炸、燃烧、助燃等性质，对人体、设施、环境具有危害的剧毒化学品和其他化学品。依据《化学品分类和危险性公示　通则》（GB 13690—2009），按物理、健康或环境危险的性质共分3大类。

国家安监总局、工信部、公安部、环保部、交运部、农业部、卫计委、质检总局、铁路局、民航总局联合发布的2015年第5号公告，公布了《危险化学品名录》（2015版）。名录中列举了28类属（含有剧毒化学品条目148种），除列明的条目外，符合相应条件的，均属于危险化学品。

3. 剧毒化学品

剧毒化学品一般是指具有剧烈毒性危害的化学品，包括人工合成的化学品及其混合物和天然毒素，还包括具有急性毒性易造成公共安全危害的化学品。

《全球化学品统一分类和标签制度》（GHS）是由联合国出版的作为指导各国控制化学品危害和保护人类和环境的统一分类制度文件，其封面为紫色，故又称为紫皮书。各个国家可以采用“积木式”方法，选择性实施符合本国实际情况的GHS危险种类（class）和类别（category）。GHS主要内容为全球化学品统一分类标准、化学品安全标签及化学物料安全清单/化学品安全技术说明书（MSDS/CSDS）。GHS从28类95个危险类别中，选取了其中危险性较大的81个类别作为危险化学品。在GHS制度中共有9种象形图，如图1-1-1所示。

北海出入境检验检疫局、上海化工研究院等单位共同起草了《化学品分类和标签规范》（GB 30000.2～29—2013）系列的标准，该系列标签适用于按联合国《全球化学品统一分类和标签制度》的分类和标签。

三、危险物品和危险货物

1. 危险物品

危险物品是指易燃易爆物品、危险化学品、放射性物品等能够危及人身安全和财产安

图 1-1-1 在 GHS 制度中的 9 种危险种类象形图

全的物品。危险物品包含危险化学品。

2. 危险货物

危险货物具有爆炸、易燃、毒害、感染、腐蚀、放射性等危险特性，在运输、储存、生产、经营、使用和处置中，容易造成人身伤亡、财产损毁或环境污染而需要特别防护的物质和物品，称之为危险货物。危险货物包括危险化学品和物品。

(1)《危险货物包装标志》(GB 190—2009) 规定的有危害环境物质或物品标记、方向标记、高温运输标记，如图 1-1-2 所示。

(符号：黑色；底色：白色)

(a) 危害环境物质或物品标记

(符号：黑色或正红色；底色：白色)

(符号：黑色或正红色；底色：白色)

(b) 方向标记

(符号：正红色；底色：白色)

(c) 高温运输标记

图 1-1-2 危害环境物质或物品标记、方向标记、高温运输标记

（2）《危险货物分类和品名编号》（GB 6944—2012）将危险品分为9个类别，其中第1类、第2类、第4类、第5类和第6类再分成项别，见表1-1-1。

表1-1-1 危险货物类别、特性和项别

类别	名称	特性	项别
第1类	爆炸品	爆炸品具有敏感易爆性、自燃危险性、遇热（火焰）易爆性、机械作用危险性、带静电危险性、爆炸破坏性、着火危险性和毒性等特性	1.1项 有整体爆炸危险的物质和物品； 1.2项 有迸射危险，但无整体爆炸危险的物质和物品； 1.3项 有燃烧危险并有局部爆炸危险或局部迸射危险或这两种危险都有，但无整体爆炸危险的物质和物品； 1.4项 不呈现重大危险的物质和物品； 1.5项 有整体爆炸危险的非常不敏感物质； 1.6项 无整体爆炸危险的极端不敏感物品
第2类	气体	压缩气体和液化气体具有易燃、易爆、扩散性、可缩性和膨胀性、带电性、腐蚀性、毒害性、窒息性和氧化性等特性	2.1项 易燃气体； 2.2项 非易燃无毒气体； 2.3项 毒性气体
第3类	易燃液体	易燃液体具有高度易燃、极其易爆、受热易膨胀性、流动性、带电性、毒害性等特性	
第4类	易燃固体、易于自燃的物质、遇水放出易燃气体的物质	易燃固体、自燃物品和遇湿易燃物品具有燃点低、易点燃；遇酸、氧化剂易燃易爆；本身或燃烧产物有毒；兼有遇湿易爆性；自燃危险性等特性	4.1项 易燃固体、自反应物质和固态退敏爆炸品； 4.2项 易于自燃的物质； 4.3项 遇水放出易燃气体的物质
第5类	氧化性物质和有机过氧化物	氧化剂和有机过氧化物具有强烈的氧化性；受热、被撞分解性与可燃液体作用自燃性；与水作用分解性、强氧化性与弱氧化剂作用的分解性、腐蚀毒害性等特性	5.1项 氧化性物质； 5.2项 有机过氧化物
第6类	毒性物质和感染性物质	毒害品和感染性物质具有毒害性、火灾危险性等特性	6.1项 毒性物质； 6.2项 感染性物质
第7类	放射性物质	放射性物质具有放射性、易燃性、氧化性、毒害性等特性	
第8类	腐蚀性物质	腐蚀性物质具有腐蚀性、毒害性、火灾危险性等特性	
第9类	杂项危险物质和物品，包括危害环境物质		

注 类别和项别的号码顺序并不是危险程度的顺序。

根据危险货物类别和项别的不同给出了26种象形图，如图1-1-3所示。

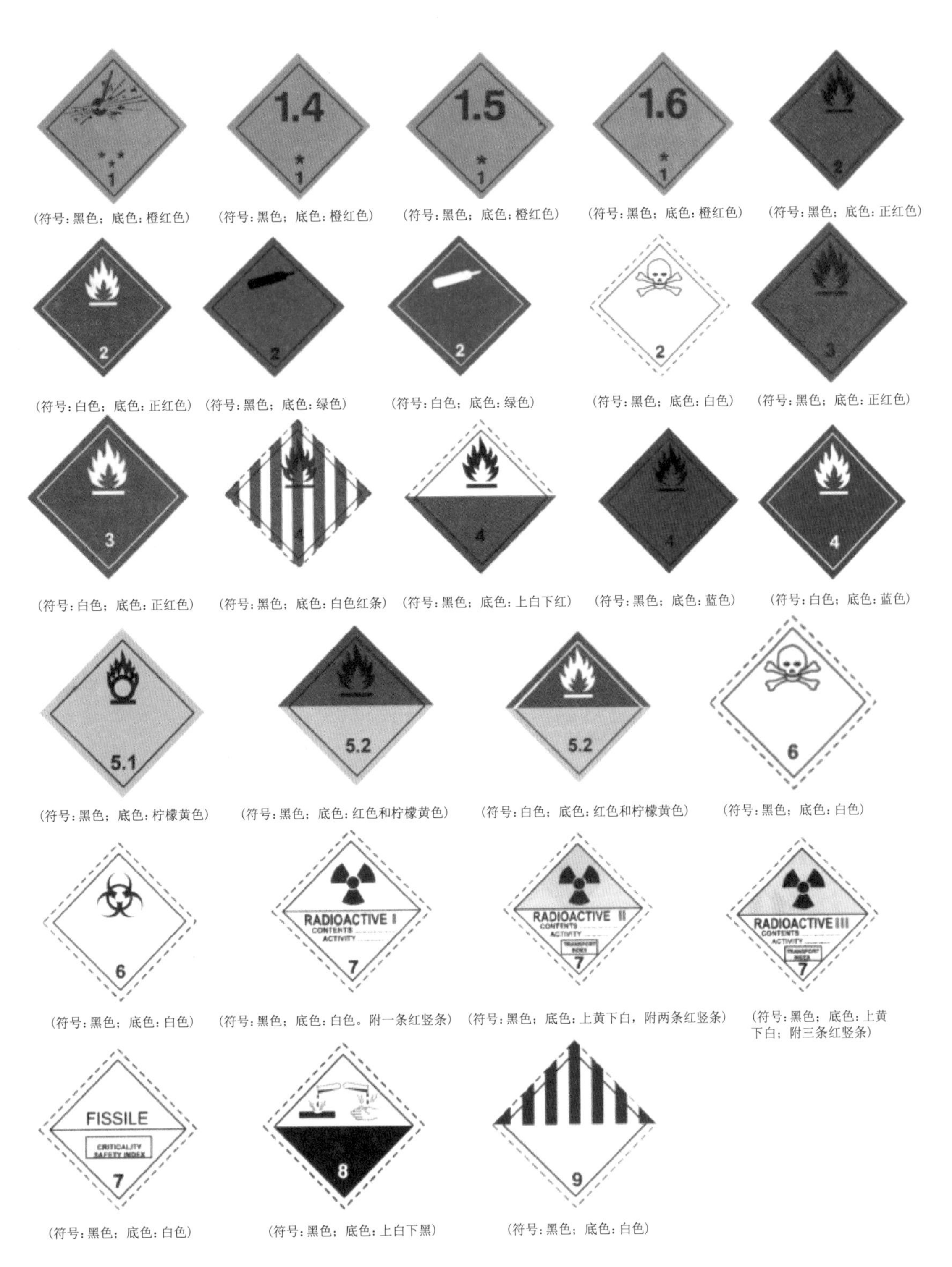

图1-1-3　根据危险货物类别和项别的不同给出的26种危险货物包装标签象形图

第二节 化学品与危险化学品事故

一、化学品事故

1. 化学品事故的定义

化学品事故是指与化学品有关的单位在生产、经营、使用、运输过程中，由于某些意外情况或人为破坏，致使有毒有害化学物质突然发生大量泄漏，有时伴随燃烧或爆炸，并在较大范围内造成比较严重的环境污染，对国家和人民的生命财产安全造成严重危害的事故。化学品事故是指一种或数种物质释放的意外事件或危险事件，具有明显的社会性、突发性、危害性。

2. 化学品事故的特点

（1）化学品的性质直接影响到事故发生的难易程度。这些性质包括毒性、腐蚀性、爆炸品的爆炸性（包括敏感度、安定性等）、压缩气体或液化气体的蒸汽压力、易燃性和助燃性、易燃液体的闪点、易爆固体的燃点和可能散发的有毒气体和烟雾、氧化剂和过氧化剂的氧化性等。

（2）具有毒性或腐蚀性危险化学品泄漏后，可能直接导致危险化学品事故，如中毒（包括急性中毒和慢性中毒）、灼伤（或腐蚀）、环境污染（包括水体、土壤、大气等）。

（3）不燃性气体可造成窒息事故。

（4）可燃性危险化学品泄漏后遇火源或高温热源即可发生燃烧、爆炸事故。

（5）爆炸性物品受热或撞击，极易发生爆炸事故。

（6）压缩气体或液化气体容器超压或容器不合格极易发生物理爆炸事故。

（7）生产工艺、设备或系统不完善，极易导致危险化学品爆炸或泄漏。

二、危险化学品事故

1. 危险化学品事故的定义

危险化学品事故是指个人或集体在生产、经营、储存、运输、使用危险化学品和处置废弃危险化学品的活动过程中，突然发生的、违反人的意志的、迫使活动暂时或永久停止的事件。

2. 危险化学品事故的后果

危险化学品事故后果通常表现为人员伤亡、财产损失或环境污染。

3. 构成危险化学品事故的条件

构成危险化学品事故有两个必要条件：一是危险化学品；二是事故。

4. 危险化学品事故的界定条件

危险化学品事故的界定和危险化学品事故的定义是不同概念，危险化学品事故的定义，只定义危险化学品事故的本质，而危险化学品事故的界定需要一些限制性说明。危险化学品事故的界定条件如下：

（1）界定危险化学品事故最关键的因素是判断事故中产生危害的物质是否是危险化学

品。如果是危险化学品，那么基本上可以定为危险化学品事故。

（2）危险化学品事故的类型主要是泄漏、火灾、爆炸、中毒和窒息、灼伤等。

（3）某些特殊的事故类型，如矿山爆破事故，不列入危险化学品事故。

5. 危险化学品事故的特征

（1）事故中产生危害的危险化学品是事故发生前已经存在的，而不是在事故发生时产生的。

（2）危险化学品的能量是事故中的主要能量。

（3）危险化学品发生了意外的、人们不希望的物理或化学变化。

6. 危险化学品在事故后果中的重要作用

事故是由能量的意外释放而导致的，危险化学品的能量是危险化学品事故中的主要能量。危险化学品事故中的能量主要包括机械能、热能等。

（1）机械能。机械能主要指压缩气体或液化气体产生物理爆炸的势能，或化学反应爆炸产生的机械能。

（2）热能。热能主要指危险化学品爆炸、燃烧、酸碱腐蚀或其他化学反应产生的热能，或氧化剂和过氧化物与其他物质反应发生燃烧或爆炸产生的热能。

（3）毒性。有毒化学品或化学品反应后产生的有毒物质与体液或组织发生生物化学作用或生物物理学变化，可扰乱或破坏机体的正常生理功能。

（4）阻隔能力。不燃性气体可阻隔空气，造成窒息事故。

（5）腐蚀能力。腐蚀品和人体或金属等物品的被接触表面发生化学反应，可在短时间内造成明显的破损。

（6）环境污染。有毒有害危险化学品泄漏后，可对水体、土壤、大气等环境造成污染或破坏。

7. 危险化学品事故的特点

（1）危险化学品事故的发生，必然有危险化学品的意外的、失控的、人们不希望的化学或物理变化，这些变化是导致事故的最根本的能量。

（2）危险化学品事故主要发生在危险化学品生产、经营、储存、使用和处置废弃危险化学品的单位，但并不局限于上述单位。危险化学品事故主要发生在危险化学品的生产、经营、储存、运输、使用和处置废弃危险化学品过程中，但也不仅仅局限于发生在上述过程中。

（3）危险化学品事故具有突发性、延时性和长期性。

1）突发性。危险化学品事故往往是在没有先兆的情况下突然发生的，而不需要一段时间的酝酿。

2）延时性。危险化学品中毒的后果，有的在当时并没有明显地表现出来，而是在几个小时甚至几天以后严重起来。

3）长期性。危险化学品对环境的污染有时极难消除，因而对环境和人的危害是长期的。

（4）危险化学品事故往往造成惨重的人员伤亡和巨大的经济损失。

由于危险化学品特殊的易燃、易爆、毒害等危险性，危险化学品事故往往造成惨重的人员伤亡和巨大的经济损失，特别是有毒气体的大量意外泄漏的灾难性中毒事故，以及爆炸品或易燃易爆气体液体的灾难性爆炸事故等。

第三节 危险化学品事故的判别与分类

一、危险化学品事故的判别

（一）判断事故中产生危害的物质是否属于危险化学品

例如，1982 年 6 月广西某氮肥厂造气车间外煤渣堆爆炸事故，事故原因是高温煤渣遇水产生水煤气爆炸，这起事故中产生危害的物质是高温煤渣，高温煤渣不是危险化学品，因此这起事故不是危险化学品事故。又如，1987 年黑龙江某亚麻厂发生特大粉尘爆炸事故，由于亚麻粉尘不属于危险化学品，因此这起事故也不是危险化学品事故。再如，液化甲烷、压缩甲烷等是危险化学品，但煤矿井下涌出的瓦斯（主要成分是甲烷）不是危险化学品，因此煤矿瓦斯事故不是危险化学品事故。

（二）判断事故中产生危害的物质是否是事故发生前已经存在的物质

这里所说的事故中产生危害的物质，是指事故发生前已经存在的物质，而不是在事故发生时产生的有害物质。

（1）2001 年 3 月，河南某金矿发生一氧化碳中毒事故，虽然致人死亡的物质是一氧化碳，但一氧化碳是事故过程巷道坑木着火产生的，而不是原本存在的，这里产生危害的物质是着火的坑木，因此这起事故也不是危险化学品事故。同样，冬天取暖时产生一氧化碳而导致中毒的事故，也不属于危险化学品事故。

（2）1999 年 7 月，山东某公司在检修甲酸合成反应器时，物料一氧化碳由于阀门关闭不严而进入反应器，从而导致中毒事故。在这起事故中，一氧化碳是反应所需的物料，是原来存在的危险化学品，因此这起事故是危险化学品事故。

（三）判断事故类型是否是危险化学品事故类型

危险化学品事故的类型主要是火灾、爆炸、中毒和窒息、灼伤等事故。此外，还有一种情况是危险化学品发生泄漏或其他人们不希望的变化后，仅造成财产损失或环境污染等后果的事故。简而言之，危险化学品事故的类型主要包括泄漏、火灾、爆炸、中毒和窒息、灼伤等。除上述类型之外的其他事故，都不应该属于危险化学品事故。如盛装有危险化学品的容器或箱子砸伤、挤伤人体，或危险化学品车辆撞人、轧人事故等，不应该属于危险化学品事故。某些特殊的事故类型，如矿山爆破事故，可以考虑不列入危险化学品事故。

二、危险化学品事故的类型

根据危险化学品的易燃、易爆、有毒、腐蚀等危险特性，以及危险化学品事故定义，危险化学品事故的类型分为以下 6 类。

（一）危险化学品火灾事故

1. 危险化学品火灾事故定义

危险化学品火灾事故是指燃烧物质主要是危险化学品的火灾事故。

按照燃烧物质的类别，危险化学品火灾事故可分为以下5类：①易燃液体火灾；②易燃固体火灾；③自燃物品火灾；④遇湿易燃物品火灾；⑤其他危险化学品火灾。

2. 危险化学品火灾事故危害

（1）易燃液体火灾往往发展成为爆炸事故，会造成重大人员伤亡。单纯的液体火灾一般不会造成重大人员伤亡，但由于大多数危险化学品在燃烧时会放出有毒气体或烟雾，因此危险化学品火灾事故中，人员伤亡的原因往往是中毒和窒息。单纯的易燃液体火灾事故较少，这类事故往往被归入危险化学品爆炸（火灾爆炸）事故，或危险化学品中毒和窒息事故。

（2）固体危险化学品火灾的主要危害是燃烧时放出的有毒气体、烟雾或发生爆炸，因此这类事故也往往被归入危险化学品火灾爆炸事故或危险化学品中毒和窒息事故。

（二）危险化学品爆炸事故

危险化学品爆炸事故是指危险化学品发生化学反应的爆炸事故，或液化气体和压缩气体的物理爆炸事故。具体又分若干小类，包括：①爆炸品爆炸（又可分为烟花爆竹爆炸、民用爆炸器材爆炸、军工爆炸品爆炸等）；②易燃固体、自燃物品、遇湿易燃物品的火灾爆炸；③易燃液体火灾爆炸；④易燃气体爆炸；⑤危险化学品产生的粉尘、气体、挥发物的爆炸；⑥液化气体和压缩气体的物理爆炸；⑦其他化学反应爆炸。

（三）危险化学品中毒和窒息事故

危险化学品中毒和窒息事故可分为以下4类：①吸入中毒事故（中毒途径为呼吸道）；②接触中毒事故（中毒途径为皮肤、眼睛等）；③误食中毒事故（中毒途径为消化道）；④其他中毒和窒息事故。

（四）危险化学品灼伤事故

危险化学品灼伤事故主要是指腐蚀性危险化学品意外地与人体接触，短时间内即在人体被接触表面发生化学反应，造成明显破坏的事故。腐蚀性危险化学品包括酸性腐蚀品、碱性腐蚀品和其他腐蚀品。化学品灼伤与物理灼伤（如火焰烧伤、高温固体或液体烫伤等）不同。物理灼伤是高温造成的伤害，使人体立即感到强烈的疼痛，人体肌肤会本能地立即避开。化学品灼伤有一个化学反应过程，开始并不感到疼痛，要经过几分钟，几小时甚至几天才表现出严重的伤害，并且伤害还会不断地加深。因此，化学品灼伤比物理灼伤危害更大。

（五）危险化学品泄漏事故

危险化学品泄漏事故主要是指气体或液体危险化学品发生了一定规模的泄漏，虽然没有发展成为火灾、爆炸或中毒事故，但造成了严重的财产损失或环境污染等后果的危险化学品事故。危险化学品泄漏事故一旦失控，往往造成重大火灾、爆炸或中毒事故。

（六）其他危险化学品事故

其他危险化学品事故是指不能归入上述5类危险化学品事故之外的其他危险化学品事故。例如危险化学品的肇事事故，即危险化学品发生了人们不希望的意外事件，如危险化学品罐体倾倒、车辆倾覆等，但没有发生火灾、爆炸、中毒和窒息、灼伤、泄漏等事故。

如果考虑与现行《企业职工伤亡事故分类》（GB 6441—86）中的事故类型相一致，可按以下分类，但在事故统计上报时，应在别处体现该事故为危险化学品事故。

(1) 火灾。
(2) 爆炸。
(3) 中毒和窒息。
(4) 灼烫。
(5) 其他(危险化学品泄漏事故包含在此类中)。

第四节 化学品事故化学源的扩散与危害范围

一、危险化学品泄漏的危害

据有关资料介绍,从1953年到1992年的40年间,全世界竟发生一次损失超过1亿美元的危化品泄漏事故数千起。随着我国经济建设的快速发展,化工生产的原料、中间体及产品的种类不断增加,在生产、经营、储存、运输和使用过程中发生的化学品泄漏事故也不断增多。危化品泄漏会严重威胁人民群众生命安全,造成巨大的经济损失,使生态环境受到破坏,还会影响社会稳定。了解化学源扩散与危害范围的一般规律则是事故救援中快速确定影响区域的基础理论保障。

二、影响泄漏气体化学危险源扩散的因素

泄漏气体在大气中的扩散主要受其自身的理化性质、储量、事故类型、气象条件、地表情况、泄漏源位置等因素的影响。

(一)化学物质的理化性质

化学物质的理化性质中,沸点的高低直接影响到物质的气化率,而只有气化的那部分毒物才能造成大范围的空气染毒。相对密度太小很容易对流至高空,相对密度太大又容易沉降至地面,对云团传播都不利,所以造成的危害也就相对较小。一般地说,当泄漏气体与空气的混合物密度相对于空气密度的比值不小于1.11时,该混合物可能沿地面流动,并可能在低洼处积累;当其比值为0.19～1.11时,则易于与周围空气快速混合。如果爆炸极限较小,那么通过泄漏造成空气染毒后,还很容易引起爆炸燃烧,使危害形式发生转换。

(二)化学物质的毒性和储量

事故源物质毒性越大,发生相同规模的事故时其危害就越大。例如,等量的氯气和氮气发生泄漏,氯气的危害范围要比氮气大5～10倍。同理,储量越大影响波及的范围越广。

(三)化学事故的类型

不同类型的化学事故其危害形式不同,例如,超压爆炸事故在瞬间形成一个巨大的有毒云团,这种云团边向下风方向飘移,其浓度边下降,传播纵深较远,所经之处均可引起人员中毒。而连续泄漏事故危害纵深较近,并且在危害纵深内毒物浓度基本恒定不变,除非泄漏停止。相反,爆炸燃烧事故则主要以爆炸冲击波对建筑、设备及人员造成机械损伤,以热辐射对人员和器材造成烧伤损坏。

（四）气象条件

1. 风速

气象条件对于有毒云团的传播速度、方向、影响区域和传播纵深有显著影响，其中风速影响有毒云团的扩散速度和被空气稀释的速度，因为风速越大，大气的湍流越强，空气的稀释作用就越强，风的输送作用也越强。风速为 1～5m/s 时，易使云团扩散，危害最大，危险区域较大；若风速再大，则泄漏气体在地面的浓度变小；若无风，则泄漏气体以泄漏源为中心向四周扩散。而风向则决定了有毒云团的危害方向，大部分泄漏气体总是分布在下风向。不同风速下的扩散形态如图 1-4-1 所示。

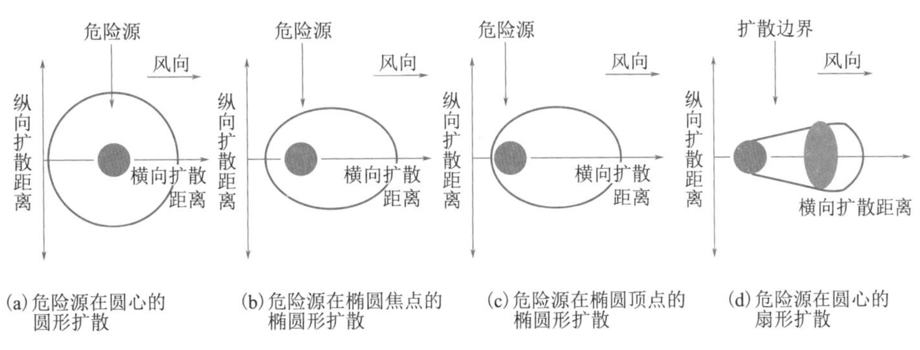

图 1-4-1　不同风速下的泄漏危险化学品扩散形态

2. 气温

气温越高，液体毒物的蒸发速度越快，气化率越大，进入大气的毒物量越多，染毒空气浓度越大，危害范围越大；同时，温度高时，人员出汗多、衣着少，因而通过皮肤中毒的可能性增大。

3. 湿度和降水

湿度和降水对于毒物在大气中的传播与危害效应也有一定影响，但一般局限于挥发度低或水溶性好、能发生气相水解或稳定性较差的化学物质，会使危害纵深相应缩短。

4. 大气垂直稳定度

大气垂直稳定度是指气块受到垂直方向扰动后，大气层结（温度和湿度的垂直分布）使它具有返回或远离原来平衡位置的趋势和程度。在大气中，做垂直运动的气块，其状态变化通常接近于与环境之间无热量交换的绝热过程，这种过程造成升降气块温度的变化。当气块绝热上升时，因气压降低，气块不断膨胀做功而温度下降；当气块绝热下降时，则产生压缩增温。大气垂直稳定度对事故危害有显著影响，具体表现为：逆温时云团紧贴着地面运动，传播纵深较远；等温时云团在垂直方向运动加剧，浓度稀释较快，纵深相对较短；而在对流时有害物质迅速扩散到高空，地面浓度很快衰减，很难形成大范围的传播扩散。

（五）地形、地物

地面的地形、地物对泄漏气云的扩散有较大的影响，它们既会改变泄漏气云扩散速度，又会改变扩散方向。地面低洼处泄漏气云团易于滞留。建筑物、树木等会加强地表大气的湍流程度，从而增加空气的稀释作用，而开阔平坦的地形、湖泊等则正相反。低矮的建筑物群、居民密集处或绿化地带泄漏气云不易扩散；高层建筑物则有阻挡作用，气云多会从风速较大的两侧迅速通过。地形、地物对泄漏气云扩散的影响如图 1－4－2 所示。

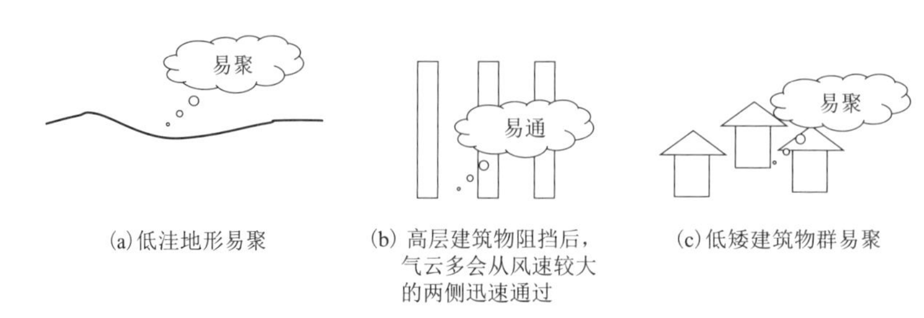

图 1－4－2 地形、地物对泄漏气云扩散的影响

（六）泄漏源位置

地面泄漏源的高度和泄漏喷射的方向都会影响到扩散至地面的气体浓度。若泄漏源位置较高时，泄漏气体扩散至地面的垂直距离较大，在相同的泄漏源强度和气象条件下，扩散至地面同等距离处的气体浓度会降低。若气体向上喷射泄漏，泄漏气体具有向上的初始动量，其作用效果如同增高泄漏源的位置。

三、化学危险源扩散危害范围的估算

根据化学危险源扩散的一般规律，可以对化学事故危险源的危害范围进行估算，为救援指挥系统决策提供科学依据。同样，也可以为非应急人员确定安全区域。

（一）危害纵深

危害纵深是指对下风方向某处无防护人员作用的毒剂量如正好等于轻度伤害剂量时，该处离事故点的距离，如图 1－4－3 所示。

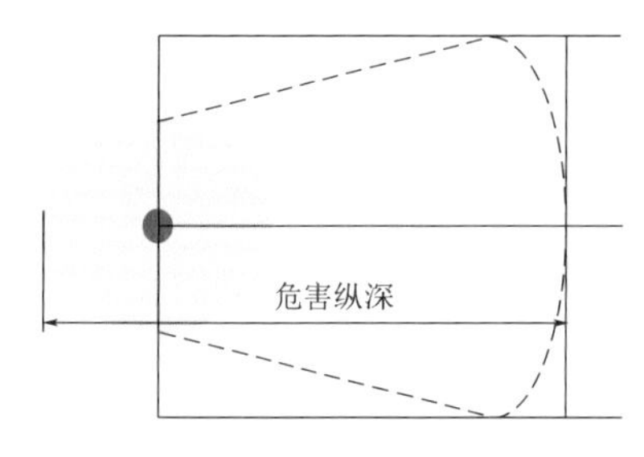

图 1－4－3 危害纵深示意图

轻度伤害剂量一般可取化学危险源毒物半数致死剂量的 0.04～0.05 倍。

半数致死危害纵深指对下风方向某处无防护人员的作用毒剂量正好等于半数致死剂量，则该处离事故点的距离称为半数致死危害纵深。

（二）危害地域

化学事故发生时其危险源所产生的毒云团在传播过程中由于风的舞动、建筑物的阻挡及地形的影响，云团传播的轨迹为摆动的带形，其外接扇形称为危害地域。

其扇形扩散角一般取 40°，但实际危害面积要小得多，约为一个 12°的夹角，其面积 S 为：

$$S=\frac{\pi}{8}L^2+1.2L+0.15X^2$$

式中 L——起初云团直径，km；

X——危害纵深，km。

危害地域只是毒气云团最大危害能力的体现，对于有报警系统及防护准备人员而言，危害地域远距离处的人员不一定会造成伤害。

复 习 思 考 题

1. 什么是化学？什么是化学品？
2. 什么是危险品？什么是危险化学品？
3. 《危险货物分类和品名编号》将危险品分为几个类别和几个项别？
4. 什么是化学品事故？有什么特点？
5. 什么是危险化学品事故？有什么特点？
6. 如何判别事故是否是危险化学品事故？
7. 危险化学品事故主要有哪些类型？
8. 化学品泄漏的危害是什么？影响泄漏气体化学危险源扩散的因素有哪些？
9. 如何估算化学危险源扩散危害的范围？

第二章

国内外危险化学品事故案例

化工生产具有高温高压、易燃易爆、易中毒、有腐蚀性等特点，因而较其他行业生产也具有更大的危险性。在各类爆炸事故中，化学工业的事故占32.4%，所占比例最大，事故所造成的损失约为其他工业的5倍。本章汇集了10例比较典型的化学品事故案例，每个案例都介绍了事故发生的经过、危害以及救援情况，对事故原因进行了深入的分析，以便从中汲取深刻教训，充分认识化学品事故的危害性，提高安全防范意识。

第一节 “4·6”“4·16”美国得克萨斯硝酸铵爆炸事故

一、事故经过和危害

1947年4月6日凌晨，美国得克萨斯城港湾一片宁静，大部分船员正在有条不紊地将硝酸铵往货船上装运，计划运往法国。8时30分，有人突然发现船底舱不知何故冒出了黑烟，火灾事故发生了。船员们在船长命令下封闭了舱口，随即全体船员撤离到码头上。9时15分，货船像原子弹似的爆炸了，一朵蘑菇云直升天空，船体被炸得粉碎。爆炸的威力掀起10ft（1ft=0.3048m）高的浪潮，大火竟将码头水区的海水排干，远在5000ft以外的建筑物轰然成排倒下。事故造成570多人丧生，3000多人受伤，损失达5000多万美元。

1947年4月16日，一艘从法国开来，并装有1万t硝酸铵的货船在美国得克萨斯—西基这个被称为化学城的海湾上爆炸了，该城几乎全部毁灭。起初，船员发现船舱里冒出了稀淡的烟雾，继而变黑，于是紧急灭火，但灭火无效，火势猛增。当消防队员赶到，且十条水枪同时猛射也无济于事。燃烧不到40min，只听一声巨响，一朵巨大的蘑菇云升上天空，强大的冲击波使得大小建筑物燃烧倒塌，大批生灵被埋葬。熊熊烈火焚烧了三天三夜，2/3的街区成为废墟，3/4的化工企业被葬送。官方当时的统计数据如下：共有576人丧生，超过3500人受伤，参与现场救火的消防志愿队除一人生还外，其余全部牺牲。造成了难以估量的财产损失，摧毁上千座居民楼和商业建筑，损毁1100艘船和362辆汽车，直接的财产损失约为1亿美元（相当于现在的10亿多美元）。通常被认为是美国历史上最严重的工业爆炸事故。

图2-1-1所示为灾难前城中炼油厂和储油库的鸟瞰图，图2-1-2所示为灾难后城中炼油厂和储油库的鸟瞰图。

图2-1-1 灾难前城中炼油厂和储油库的鸟瞰图

图2-1-2 灾难后城中炼油厂和储油库的鸟瞰图

二、事故原因

1. 直接原因

美国政府成立调查组对此事故进行了认真调查，其结论令所有的人瞠目结舌：火灾爆炸事故竟是一名船员无意间将一支未燃灭的烟蒂扔进船舱引起的，且应急救援失误，导致爆炸。

2. 间接原因

当时美国政府对化学品运输和管理缺乏严格、科学的规章管理，人们对于硝酸铵和类似的危险品的储存、运输也有很多不正确的做法。

第二节 “12·3”印度博帕尔农药厂化学品泄漏事故

一、事故经过和危害

1984年12月3日，美国联碳公司设在印度中央邦首府博帕尔市的农药厂发生甲基异氰酸甲酯泄漏事故，有近40t剧毒的甲基异氰酸甲酯（MIC）及其反应物在2h内冲向天空，顺着7.4km/h的风向东南方向飘荡，霎时毒气弥漫，覆盖了相当宽阔的部分市区（约64.7km^2）。灾难发生的第三天统计数据显示，中毒死亡人数已达8000人，受伤人数达50万人。事件还造成122例的流产和死产，77名新生儿出生不久后死去，9名婴儿畸形。19年后，死亡人数已升至20万人。最终数据显示，直接致死2.5万人，间接致死55万人，永久残废20多万人。事故经济损失巨大，震惊整个世界，人们把这次事故称为人类历史上的灾难。图2-2-1所示为博帕尔事故中致死的婴儿，图2-2-2所示为博帕尔事故中中毒待救治人员。

图2-2-1 博帕尔事故中致死的婴儿

图2-2-2 博帕尔事故中中毒待救治人员

二、事故原因

1. 直接原因

（1）由于工人错误操作将120～240gal（1gal＝3.785dm^3）水进入甲基异氰酸甲酯

(MIC)储罐中，引起放热反应，致使压力升高，防爆膜破裂而造成。

(2) 储罐内有大量氯仿，氯仿分解产生氯离子，使储罐（材质为不锈钢）发生腐蚀产生游离铁离子。在铁离子的催化作用下，加速了放热反应，致使罐内温度、压力急剧升高。

(3) 氢氧化钠洗涤塔处理能力太小，不可能将 MIC 全部中和。

(4) 燃烧塔未能发挥作用。

2. 间接原因

(1) 安全管理薄弱，违规操作较多。

(2) 设计存在严重缺陷。

(3) 忽视员工培训和安全教育。

3. 事故调查结论

(1) 该事故主要是由于工人错误操作将 120～240gal（1gal＝3.785dm^3）水进入甲基异氰酸甲酯（MIC）储罐中，引起放热反应，致使压力升高，防爆膜破裂而造成。

(2) 此外还由于储罐内有大量氯仿，氯仿分解产生氯离子，使储罐（材质为不锈钢）发生腐蚀而产生游离铁离子。在铁离子的催化作用下，加速了放热反应进行，致使罐内温度、压力急剧升高。

(3) 漏出的 MIC，喷向氢氧化钠洗涤塔，但该洗涤塔处理能力太小，不可能将 MIC 全部中和。

(4) 洗涤塔后的最后一条防线是燃烧塔，但燃烧塔未能发挥作用。

(5) 重要的一点是，该 MIC 储罐设有一套冷却系统，以使储罐内 MIC 温度保持在 0.5℃左右。但调查表明，该冷却系统自 1984 年 6 月起就停止运转。没有有效的冷却系统，就不可能控制急剧产生的大量 MIC 气体。

进一步的调查表明，这次灾难性事故是由于违章操作（至少有 10 处违反操作规程）、设计缺陷、缺乏维修和忽视培训造成的，而这一切反映出该工厂安全管理的薄弱。

第三节 “11·19”墨西哥城液化石油气站的火灾爆炸事故

一、事故经过和危害

1984 年 11 月 19 日凌晨 5 时 45 分，墨西哥城某液化石油气（LPG）站发生大爆炸，导致 542 人死亡，7000 多人受伤，35 万人无家可归，受灾面积达 27 万 m^2。该液化石油气站位于墨西哥城西北约 15km 处的圣胡安依克斯华德派克地区，该地区设有墨西哥石油公司的集气设备、精制设备和储藏设备，以及 7 家民间公司的储存、充气设施。石油气站共有 6 台大型球罐，其中 4 台容量各为 1 万桶，2 台容量为 15000 桶，还有 48 台小型卧式储罐，其中 44 台容量为 710 桶，其余 4 台的容量为 1300 桶。爆炸时该气站共储存 8 万桶液化石油气。首先是一家民营公司乌尼瓦斯公司在向一液化石油气槽车充气过程中发生爆炸，接着乌尼瓦斯公司和墨西哥石油公司的储存设施相继发生爆炸。爆炸引起的火柱高达

200多米，一直持续了7个多小时才被扑灭。结果有4台球罐和10台卧式储罐爆炸起火，共烧掉液化石油气11356m³。图2-3-1所示为墨西哥城液化石油站爆炸产生的蘑菇云，图2-3-2所示为墨西哥城液化石油站爆炸后的现场。

图2-3-1 墨西哥城液化石油站爆炸产生的蘑菇云

图2-3-2 墨西哥城液化石油站爆炸后的现场

二、事故原因

(1) 1984年12月22日墨西哥联邦检察署公布了对此事故的调查报告，报告结果为：墨西哥国家石油公司（PEMEX）储运站内部一条连接球形及卧式储罐的管线发生龟裂，泄露LPG并形成蒸气云滞留，由该厂内部的企业燃烧器引火，导致蒸气云爆炸并引起大火。

(2) 输送LPG的罐车爆炸，炸毁供气中的LPG储罐。

(3) 相邻的民营公司厂内管线泄露着火，燃烧扩大，波及PEMEX储运站的LPG储罐。事故前，PEMEX储运站的周界划分不明确，厂区内还有难民居住，不排除难民盗取LPG或别的人为破坏行为的可能。

(4) 在救灾过程中，尽管有关当局向出事地点派出了大批消防车和救护车。但由于灾情严重，当地原有的安全设施和救护系统远远不能适应救灾的需要，不仅火势在较长时间中难以控制，而且医院满员，以致大批伤病员不得不露天安置，得不到及时的治疗。

(5) 在火球燃烧区域，热辐射及屋内气体爆炸所造成的破坏则是此次伤亡及财产损失的主要原因。

第四节 “7·11”西班牙液化丙烯罐车爆炸事故

一、事故经过和危害

1978年7月11日14点30分左右，在西班牙连接巴塞罗那市和帕伦西亚市的高速公路的旁道上行驶的液化丙烯罐车发生爆炸，使地中海沿岸侧的一个露营场遭到很大破坏。事故造成215人死亡，67人受伤，约100辆汽车和14栋建筑物被烧或遭到破坏。

事故发生在位于巴塞罗那市和帕伦西亚市中间埃布罗河三角洲西侧，沿着圣卡洛斯塔拉雷皮塔海岸由东北向西南的340号公路上。此公路靠海岸一侧是洛斯阿尔夫雷鲁斯露营场。

罐车为卧式圆筒形储罐，容积为43m³，由3个厚度为16mm的钢板制成的圆筒焊接而成。储罐外壳在爆炸中沿焊缝裂开，分成前后两部分，前部分占罐的2/3，落在罐车前进方向的右前方约100m，砸坏一处住房，而后部分占1/3，纵向裂开，落到左后方约100m处。裂开处相当于罐的底部，上下颠倒落下，贮罐后端封头完全脱落，不知落在什么地方，而贮罐的前封头碎片一块落在前方约300m处，一块落在左前方约100m处。

从爆炸现场看，沿公路左侧筑有高1.5m的砖墙，约有100m长的墙受到破坏，墙的碎块全部落在公路一侧，而残留的部分墙也都向公路侧倾斜。

据目击者说，听到两次爆炸声，两者间隔数秒钟。估计第一次可能是罐车本身的爆炸，第二次可能是丙烯蒸气在空气中的气体爆炸。图2-4-1所示为罐车爆炸后场景。

图2-4-1 液化丙烯罐车爆炸后场景

二、事故原因

(1) 西班牙政府规定，液化气的充装量应不超过储罐容器的85%，但是此次的充装量已经达到了100%。

(2) 当天早晨，罐车充装液化丙烯，在行驶的途中，受到7月太阳的直射，储罐温度不断升高，由于液体的热膨胀作用，而使储罐外壳产生龟裂。

(3) 当在储罐内保持蒸气压平衡状态的液化丙烯从储罐外壳龟裂处猛烈喷出过热液体，扩散于大气中的全部液化丙烯迅速沸腾气化而分散成雾状，变成蒸气云扩散，遇火源后立即产生巨大火球而发生混合气体爆炸。

第五节 “8·5”深圳清水河爆炸事故

一、事故经过和危害

1993年8月5日13时26分，深圳市安贸危险物品储运公司（简称“安贸公司”）清水河化学危险品仓库发生特大爆炸事故。爆炸引起大火，1h后着火区又发生第二次强烈爆炸，造成更大范围的火灾。直到6日凌晨5时，这场大火才被扑灭。这起事故造成15人死亡，200多人受伤（其中重伤25人），直接经济损失超过2.5亿元。

1993年8月5日13时，清水河4号仓库突然发生大火。库内的工人发现火情后奋力扑救。13时15分，一名保安员疯跑到笋岗消防中队报警。笋岗消防中队立即出动3辆消防车、10余名干部赶赴现场。刚到清水河路口时，4号库发生了爆炸。很快，市区上步、罗湖、田贝、福田4个消防中队的14辆消防车赶到现场。又急令沙头角、南头、宝安、蛇口等6个公安消防队与专职消防队的13辆消防车前去增援。紧接着又调宝安、龙岗两区各镇村和机场的42个专职消防队参战。临时火场指挥部命令兵分三路，一路抢救第一次爆炸死伤的人员；一路重点消灭爆炸起火的4号仓库，阻击向双氧水库蔓延的火势；一部分力量用水冷却液化石油气库、汽油柴油库。14时25分，6号库发生了爆炸。由于各种化学危险品混存，遇水熄灭的物质和遇水加剧燃烧的物质混在一起，灭火的效果不大，火势越来越猛，导致连续爆炸，爆炸又使火灾迅速蔓延。广东省公安消防部队请示广东省委调派了广州、珠海、佛山、惠州、东莞等10个市的消防支队的80多辆消防车前来增援。在火场灭火指挥部统一部署下，采取了“先控制，后消灭”“救人重于灭火”的战术，于19时50分将大火控制。在此过程中，共发生2次大爆炸和7次小爆炸，有18处起火燃烧。经数千名解放军指战员、武警官兵、公安民警、消防民警16h的艰苦奋战，于6日7时30分将大火基本扑灭，于8日22时彻底扑灭残火。图2-5-1所示为深圳清水河爆炸产生的蘑菇云，图2-5-2所示为深圳清水河爆炸后的现场清理。

图2-5-1 深圳清水河爆炸产生的蘑菇云

图2-5-2 深圳清水河爆炸后的现场清理

二、事故原因

1. 事故直接原因

火灾是由于安贸公司危险品4号仓库内的硫化钠、硝酸铵、高锰酸钾、过硫酸铵等化学危险物混储，引起化学反应造成的。

（1）清水河的干杂仓库违章改作化学危险品仓库，以及仓库内化学危险品违章存放是事故的主要原因，干杂仓库4号仓内混存的氧化剂和还原剂混装、接触是事故的直接原因。

（2）清水河仓库区安全生产条件（如仓库占地面积和防火墙占地面积，库间距离，与外部设施、居民区和道路的距离等）不符合有关法规、标准规范的要求，导致事故扩大。

2. 事故间接原因

（1）深圳市政府安全意识薄弱，城市规划忽视安全要求。

（2）安贸公司是中国对外贸易开发集团下属的储运公司与某爆炸危险物品服务公司联合投资建立的，长期违反化学危险品的安全管理规定，冒险蛮干，违章混存化学危险品。

（3）深圳市公安局作为民用爆炸物品发放许可证的政府主管部门，执法不严，监督不力。未按规定严格审查，便向安贸公司颁发许可证。

第六节 "8·12"黄岛油库爆炸火灾事故

一、事故经过和危害

1989年8月12日9时55分，中国石油总公司管道局胜利输油公司黄岛油库发生特大火灾爆炸事故，19人死亡，100多人受伤，直接经济损失3540万元。

1989年8月12日9时55分，2.3万m^3原油储量的5号混凝土油罐突然爆炸起火。到下午2时35分，青岛地区西北风，风力增至4级以上，几百米高的火焰向东南方向倾斜。燃烧了4个多小时，5号罐里的原油随着轻油馏分的蒸发燃烧，形成速度约为1.5m/h、温度为150～300℃的热波向油层下部传递。当热波传至油罐底部的水层时，罐底部的积水、原油中的乳化水以及灭火时泡沫中的水汽化，使原油猛烈沸溢，喷向空中，撒落四周地面。下午3时左右，喷溅的油火点燃了位于东南方向相距5号油罐37m处的另一座相同结构的4号油罐顶部的泄漏油气层，引起爆炸。炸飞的4号罐顶混凝土碎块将相邻30m处的1号、2号和3号金属油罐顶部震裂，造成油气外漏。约1min后，5号罐喷溅的油火又先后点燃了3号、2号和1号油罐的外漏油气，引起爆燃，整个老罐区陷入一片火海。失控的外溢原油像火山喷发出的岩浆，在地面上四处流淌。大火分成三股，一部分油火翻过5号罐北侧1m高的矮墙，进入储油规模为300000m^3全套引进日本工艺装备的新罐区的1号、2号、6号浮顶式金属罐的四周，烈焰和浓烟烧黑3号罐壁，其中2号罐壁隔热钢板很快被烧红；另一部分油火沿着地下管沟流淌，汇同输油管网外溢原油形成地下火网；还有一部分油火向北，从生产区的消防泵房一直烧到车库、化验室和锅炉房，向东从变电站一直引烧到装船泵房、计量站、加热炉。火海席卷着整个生产区，东路、北路的两路油火汇合成一路，烧过油库1号大门，沿着新港公路向位于低处的黄岛油港烧去。大火殃及青岛化工进出口黄岛分公司、航务二公司四处、黄岛商检局、管道局仓库和建港指挥部仓库等单位。18时左右，部分外溢原油沿着地面管沟、低洼路面流入胶州湾。大约600t油水在胶州湾海面形成几条十几海里长、几百米宽的污染带，造成胶州湾有史以来最严重的海洋污染。

山东省和青岛市的负责同志及时赶赴火场进行了正确的指挥。青岛市全力投入灭火战斗，党政军民1万余人全力以赴抢险救灾，山东省各地市、胜利油田、齐鲁石化公司的公安消防部门，青岛市公安消防支队及部分企业消防队，共出动消防干警1000多人，消防车147辆。黄岛区组织了几千人的抢救突击队，出动各种船只10艘。

在国务院的统一组织下，全国各地紧急调运了153t泡沫灭火液及干粉。北海舰队也派出消防救生船和水上飞机、直升飞机参与灭火，抢运伤员。

经过5天5夜浴血奋战，13日11时火势得到控制，14日19时大火扑灭，16日18时油区内的残火、地沟暗火全部熄灭，黄岛灭火取得了决定性的胜利。

图2-6-1所示为油库燃烧时形成的烟云，图2-6-2所示为第一批救援力量。

图2-6-1 油库燃烧时形成的烟云

图2-6-2 第一批救援力量

二、事故原因

1. 事故直接原因

由于非金属油罐本身存在的缺陷，在遭受对地雷击时，产生的感应火花引爆了油气。

2. 事故间接原因

（1）黄岛油库区储油规模过大，生产布局不合理。

（2）混凝土油罐先天不足，固有缺陷不易整改。

（3）混凝土油罐只重储油功能，大多数因陋就简，忽视消防安全和防雷避雷设计，安全系数低，极易遭雷击。

（4）油库安全生产管理存在不少漏洞。

第七节 "7·28"南京栖霞地下丙烯管道爆燃事故

一、事故经过和危害

2010年7月28日9时许，南京市栖霞区万寿村15号原南京塑料四厂旧址在拆迁过程中丙烯管道发生泄漏并引起爆炸，造成周边建筑损坏、垮塌，并引燃部分车辆和建筑。据统计，此次事故共导致周围近2km^{2}内8900余户居民、1110余家企业、1490余家个体户受灾，13人死亡、120人受伤，其中14人重伤，社会影响巨大。

塑料四厂已于2005年停工，其旧址正在进行开发利用。该丙烯管道为南京金陵石化公司为南京塑料胶化工公司输送原料的地下丙烯管道，途经塑料四厂旧址。

事故发生时该管道处于停输状态，管道内充满丙烯。鸿运公司正在对该地块进行场地平整，在施工过程中将该管道挖穿，导致丙烯泄漏、扩散，遇到附近餐馆明火发生爆炸，继而引发大范围火灾爆炸事故。图2-7-1所示为爆炸导致路边公交车烧毁，图2-7-2所示为爆炸导致周边损毁的房屋。

图2-7-1 爆炸导致路边公交车烧毁

图2-7-2 爆炸导致周边损毁的房屋

二、事故原因

事故发生的主要原因是施工安全管理缺失。鸿运公司组织的施工队伍盲目施工，挖穿地下丙烯管道，造成管道内存有的液态丙烯泄漏，泄漏的丙烯蒸发扩散后，遇到明火引发大范围空间爆炸，同时在管道泄漏点引发大火。

第八节 "11·22"青岛东黄输油管道泄漏爆炸事故

一、事故经过和危害

山东省青岛市"11·22"中石化东黄输油管道泄漏爆炸特别重大事故认定为责任事故，

事故共造成62人遇难，136人受伤，直接经济损失7.5亿元。

2013年11月22日凌晨3时，位于青岛市黄岛区秦皇岛路与斋堂岛路交汇处，中石化输油储运公司潍坊分公司输油管线破裂，事故发生后，约3时15分关闭输油，斋堂岛街约$1000m^2$路面被原油污染，部分原油沿着雨水管线进入胶州湾，海面过油面积约$3000m^2$。黄岛区立即组织在海面布设两道围油栏。处置过程中，当日上午10时30分许，黄岛区沿海河路和斋堂岛路交汇处发生爆燃，同时在入海口被油污染海面上发生爆燃。

图2－8－1所示为爆炸导致道路及车辆损毁，图2－8－2所示为施工中监护的消防车辆被爆炸掀翻。

图2－8－1 爆炸导致道路及车辆损毁

图2－8－2 施工中监护的消防车辆被爆炸掀翻

二、事故原因

1. 直接原因

输油管道与排水暗渠交汇处管道腐蚀减薄导致管道破裂、原油泄漏，流入排水暗渠并反冲到路面。原油泄漏后，现场处置人员采用液压破碎锤在暗渠盖板上打孔破碎，产生撞击火花，引发暗渠内油气爆炸。

2. 间接原因

中石化集团公司及下属企业安全生产主体责任不落实，隐患排查治理不彻底，现场应急处置措施不当。山东省、青岛市、青岛经济技术开发区及相关部门组织开展安全生产大检查不深入、不细致，管道保护、规划、市政、安监等部门履行职责不力，事故风险研判失误。

第九节 “8·12”天津港瑞海公司危险品仓库特别重大火灾爆炸事故

一、事故经过和危害

2015年8月12日22时51分46秒，位于天津市滨海新区吉运二道95号的瑞海公司危险品仓库（北纬39°02′22.98″、东经117°44′11.64″）。运抵区（“待申报装船出口货物运抵区”

的简称，属于海关监管场所，用金属栅栏与外界隔离。由经营企业申请设立，海关批准，主要用于出口集装箱货物的运抵和报关监管）最先起火，23时34分06秒发生第一次爆炸，23时34分37秒发生第二次更剧烈的爆炸。事故现场形成6处大火点及数十个小火点，8月14日16时40分，现场明火被扑灭。

事故造成165人遇难（参与救援处置的公安现役消防人员24人、天津港消防人员75人、公安民警11人，事故企业、周边企业员工和周边居民55人），8人失踪（天津港消防人员5人，周边企业员工、天津港消防人员家属3人），798人受伤住院治疗（伤情重及较重的伤员58人、轻伤员740人）；304幢建筑物（其中办公楼宇、厂房及仓库等单位建筑73幢，居民1类住宅91幢、2类住宅129幢、居民公寓11幢）、12428辆商品汽车、7533个集装箱受损。

截至2015年12月10日，事故调查组依据《企业职工伤亡事故经济损失统计标准》（GB 6721—1986）等标准和规定统计，已核定直接经济损失68.66亿元，其他损失尚需最终核定。

图2-9-1所示为爆炸引起的大面积燃烧，图2-9-2所示为爆炸形成的地坑。

图2-9-1　爆炸引起的大面积燃烧

图2-9-2　爆炸形成的地坑

二、事故原因

1. 直接原因

瑞海公司危险品仓库运抵区南侧集装箱内硝化棉由于湿润剂散失出现局部干燥，在高温（天气）等因素的作用下加速分解放热，积热自燃，引起相邻集装箱内的硝化棉和其他危险化学品长时间大面积燃烧，导致堆放于运抵区的硝酸铵等危险化学品发生爆炸。

2. 间接原因

调查组认定，瑞海公司严重违反有关法律法规，是造成事故发生的主体责任单位。该公司无视安全生产主体责任，严重违反天津市城市总体规划和滨海新区控制性详细规划，违法建设危险货物堆场，违法经营、违规储存危险货物，安全管理极其混乱，安全隐患长期存在。

调查组同时认定，有关地方党委、政府和部门存在有法不依、执法不严、监管不力、履职不到位等问题。天津交通、港口、海关、安监、规划和国土、市场和质检、海事、公安以及滨海新区环保、行政审批等部门单位，未认真贯彻落实有关法律法规，未认真履行职责，违法违规进行行政许可和项目审查，日常监管严重缺失；有些负责人和工作人员贪赃枉法、滥用职权。天津市委、市政府和滨海新区区委、区政府未全面贯彻落实有关法律法规，对有关部门、单位违反城市规划行为和在安全生产管理方面存在的问题失察失管。交通运输部作为港口危险货物监管主管部门，未依照法定职责对港口危险货物安全管理督促检查，对天津交通运输系统工作指导不到位。海关总署督促指导天津海关工作不到位。有关中介及技术服务机构弄虚作假，违法违规进行安全审查、评价和验收等。

第十节 “6·5”山东临沂液化气卸车泄漏爆炸着火事故

一、事故经过和危害

2017年6月5日凌晨1时左右，位于山东省临沂市临港经济开发区的金誉石化有限公司装卸区的一辆运输石油液化气（闪点－80－60℃，爆炸下限1.5%左右，以下简称液化气）罐车，在卸车作业过程中发生液化气泄漏爆炸着火事故，造成10人死亡、9人受伤，厂区内15辆危险货物运输罐车、1个液化气球罐和2个拱顶罐毁坏，6个球罐过火，部分管廊坍塌，生产装置、化验室、控制室、过磅房、办公楼以及周边企业的建构筑物和社会车辆不同程度损坏。经计算，本次事故释放的爆炸总能量为31.29t TNT当量，产生的破坏当量为8.4t TNT当量（最大一次爆炸）。

2017年6月4日，该公司连续实施液化气卸车作业。6月5日凌晨零时56分左右，河南省清丰县安兴货物运输有限公司的一辆载运液化气的罐车进入该公司装卸区东北侧11号卸车位，该车驾驶员将卸车金属管道万向连接管接入到罐车卸车口，开启阀门准备卸车时，万向连接管与罐车卸车口接口处液化气大量泄漏并急剧气化，瞬间快速扩散。泄漏2min后，遇点火源发生爆炸并引发着火，由于大火烘烤，相继引爆装卸区内其他罐车，爆炸后的罐车碎片击中并引燃液化气罐区A1号储罐和异辛烷罐区406号储罐，在装置区、罐区等位置形成10余处着火区域。当地政府积极组织力量应急救援，共调集周边8个地市的189辆消防车、958名消防员，经过15h的紧张施救，6月5日16时左右，现场明火被扑灭。

图2－10－1所示为爆炸引起多处起火，图2－10－2所示为爆炸引起装卸单元起火。

图2－10－1 爆炸引起多处起火

图2－10－2 爆炸引起装卸单元起火

二、事故原因

(一) 直接原因

肇事罐车驾驶员长途奔波、连续作业，在午夜进行液化气卸车作业时，没有严格执行卸车规程，出现严重操作失误，致使快接接口与罐车液相卸料管未能可靠连接，在开启罐车液相球阀瞬间发生脱离，造成罐体内液化气大量泄漏。现场人员未能有效处置，泄漏后的液化气急剧气化，迅速扩散，与空气形成爆炸性混合气体达到爆炸极限，遇点火源发生爆炸燃烧。液化气泄漏区域的持续燃烧，先后导致泄漏车辆罐体、装卸区内停放的其他运输车辆罐体发生爆炸。爆炸使车体、罐体分解，罐体残骸等飞溅物击中周边设施、物料管廊、液化气球罐、异辛烷储罐等，致使2个液化气球罐发生泄漏燃烧，2个异辛烷储罐发生燃烧爆炸。

(二) 间接原因

1. 临沂金誉物流有限公司未落实安全生产主体责任

主要表现如下：

(1) 超许可违规经营。违规将河南省清丰县安兴货物运输有限公司所属40辆危化品运输罐车纳入日常管理，成为实际控制单位，安全生产实际管理职责严重缺失。

(2) 日常安全管理混乱。该公司安全检查和隐患排查治理不彻底、不深入，安全教育培训流于形式，从业人员安全意识差，该公司所属驾驶员唐志峰（肇事罐车驾驶员）装卸操作技能差，实际管理的河南牌照道路运输车辆违规使用未经批准的停车场。

(3) 疲劳驾驶失管失察。对实际管理的河南牌照道路运输车辆未进行动态监控，对所属驾驶员唐志峰驾驶该公司实际管理的豫J90700车辆的疲劳驾驶行为未能及时发现和纠正，导致所属驾驶员唐志峰在长期奔波、连续作业且未得到充分休息的情况下，卸车出现严重操作失误。

(4) 事故应急管理不到位。未按规定制订有针对性的应急处置预案，未定期组织从业人员开展应急救援演练，对驾驶员应急处置教育培训不到位。致使该公司所属驾驶员唐志峰出现泄漏险情时未采取正确的应急处置措施，直接导致事故发生并造成本人死亡；致使该公司管理的其余3名驾驶员在事故现场应急处置能力缺失，出现泄漏险情时未正确处置并及时撤离，造成该3名驾驶员全部死亡。

(5) 装卸环节安全管理缺失。对装卸安全管理重视程度不够，装卸安全教育培训不到位，未依法配备道路危险货物运输装卸管理人员，肇事豫J90700罐车卸载过程中无装卸管理人员现场指挥或监控。

2. 临沂金誉石化有限公司未落实安全生产主体责任

主要表现如下：

(1) 安全生产风险分级管控和隐患排查治理主体责任不落实。企业安全生产意识淡薄，对安全生产工作不重视。未依法落实安全生产物质资金、安全管理、应急救援等保障责任，安全生产责任落实流于形式；未认真落实安全生产风险分级管控和隐患排查治理工作，对企业存在的安全风险特别是卸车区叠加风险辨识、评估不全面，风险管控措施不落实；从业人员素质低，化工专业技能不足，安全管理水平低，安全管理能力不能适应高危行业需要。

（2）特种设备安全管理混乱。企业未依法取得移动式压力容器充装资质和工业产品生产许可资质违法违规生产经营。储运区压力容器、压力管道等特种设备管理和操作人员不具备相应资格和能力，32人中仅有3人取得特种设备作业人员资格证，不能满足正常操作需要；事发当班操作工韩××未取得相关资质无证上岗，不具备相应特种设备安全技术知识和操作技能，未能及时发现和纠正司机的误操作行为。特种设备充装质量保证体系不健全，特种设备维护保养、检验检测不及时；未严格执行安全技术操作规程，卸载前未停车静置10min，对快装接口与罐车液相卸料管连接可靠性检查不到位，对流体装卸臂快装接口定位锁止部件经常性损坏更换维护不及时。

（3）危化品装卸管理不到位。连续24h组织作业，10余辆罐车同时进入装卸现场，超负荷进行装卸作业，装卸区安全风险偏高，且未采取有效的管控措施；液化气装卸操作规程不完善，液化气卸载过程中没有具备资格的装卸管理人员现场指挥或监控。

（4）工程项目违法建设。该公司一期8万t/年液化气深加工建设项目、二期20万t/年液化气深加工建设项目和三期4万t/年废酸回收建设项目在未取得规划许可、消防设计审核、环境影响评价审批、建筑工程施工许可等必需的项目审批手续之前，擅自开工建设并使用非法施工队伍，未批先建，逃避行政监管。

（5）事故应急管理不到位。未依法建立专门的应急救援组织，应急装备、器材和物资配备不足，预案编制不规范，针对性和实用性差，未根据装卸区风险特点开展应急演练，应急教育培训不到位，实战处置能力不高。出现泄漏险情时，现场人员未能及时关闭泄漏罐车紧急切断阀和球阀，未及时组织人员撤离，致使泄漏持续2min直至遇到点火源发生爆燃，造成重大人员伤亡。

3. 河南省清丰县安兴货物运输有限公司未落实安全生产主体责任

主要表现如下：

（1）对所属车辆处于脱管状态。对长期在临沂运营的危化品运输罐车管理缺位，仅履行资质资格手续办理和名义上管理职责，欺瞒监管。

（2）未履行异地经营报备职责。所属车辆运输线路以临沂临港经济开发区为起讫点累计5年以上，未按照道路危险货物运输管理相关规定向经营地临沂市交通运输主管部门进行报备并接受其监管。

（3）车辆动态监控不到位。未按规定对危化品运输罐车进行动态监控，未按规定使用具有行驶记录功能的卫星定位装置，未及时发现豫J90700罐车驾驶员疲劳驾驶行为并予以制止。

（4）移动式压力容器管理不到位。对公司所属40辆危化品罐车，未按规定配备移动式压力容器安全管理人员和操作人员。

4. 中介技术服务机构未依法履行设计、监理、评价等技术管理服务责任

主要表现如下：

（1）设计单位责任。山东大齐石油化工设计有限公司作为临沂金誉石化有限公司一期8万t/年液化气深加工建设项目设计单位，未严格按照石油化工控制室房屋建筑结构设计相关规范对控制室进行设计，建设单位聘用的非法施工队伍又未严格按照设计进行施工，

导致控制室墙体在爆炸事故中倒塌，造成控制室内一名员工死亡。

（2）工程监理单位责任。临沂市华厦城市建设监理有限责任公司作为临沂金誉石化有限公司一期8万t/年液化气深加工建设项目（除设备安装工程外）工程监理单位，未依法履行建筑工程监理职责，未发现建设单位临沂金誉石化有限公司和非法施工队伍冒用日照市岚山童海建筑工程有限公司房屋建筑工程施工资质进行施工作业，未发现控制室墙体材料施工时违反设计要求，导致控制室墙体在爆炸事故中倒塌，造成控制室内一名员工死亡。

（3）安全评价单位责任。济南华源安全评价有限公司作为临沂金誉石化有限公司二期20万t/年液化气深加工建设项目安全设施竣工验收评价单位，出具的评价报告风险分析前后矛盾，评价结论严重失实，厂内各功能区之间风险交织，未提出有效的防控措施，事故发生后造成重大人员伤亡和财产损失。山东瑞康安全评价有限公司作为临沂金誉石化有限公司一期8万t/年液化气深加工建设项目安全设施竣工验收评价单位，出具的安全评价报告中的评价结论失实，事故发生后造成重大人员伤亡和财产损失。

5.有关地方党委、政府和部门存在有法不依、执法不严、监管不力、履职不到位等问题

主要表现如下：

（1）交通运输部门未依法履行危险化学品运输安全监管职责。

（2）质监部门未依法履行特种设备安全监察职责。

（3）安监部门未依法履行危险化学品安全监管综合工作职责。

（4）公安消防机构未依法履行消防安全监管和工程项目消防审批职责。

（5）经信部门未依法履行化工行业主管部门职责。

（6）环保部门未依法履行工程项目环保审批职责。

（7）规划部门未依法履行工程项目规划审批职责。

（8）地方党委政府未依法履行安全生产属地监管职责。

通过以上所列举10个典型的化学品事故案例，不难发现化学品事故离我们其实并不远，或许一个槽罐车的经过都可能成为一个噩梦的开始。2005年京沪高速江苏淮安段"3·29"事故就是一个典型例证，此次事故造成下风向田间或村庄人员29人死亡，456人中毒住院治疗，1867人门诊留治。从案例中也不难发现化学品事故往往会衍生出燃烧、爆炸、泄漏等更严重的后果，不仅对员工、路人造成伤害，而且也会对盲目开展应急响应的人员造成伤害，特别是在行动中发生的爆炸，很有可能危及应急响应人员的生命安全。如某市生物科技公司"9·2"泄漏爆炸事故造成多名厂内应急人员伤亡。而在天津港"8·12"爆炸事故救援中多次的爆炸导致165位应急人员伤亡。这一幕幕血淋淋的教训，让我们不得不思考，如何破解电力应急响应人员在化学品事故应急响应时的安全难题？如电力系统应急响应人员在接到电力中断报警后需要按服务承诺第一时间赶到现场查看处理，如果此时电力中断因化学事故而起，应急人员在不做任何防范措施的情况下进入化学事故现场处置则极可能引发人身伤亡事件，所以无论是电力应急响应，还是其他应急响应，凡与化学事故有关的应急响应均应按危险化学品救援处置程序开展行动，遵循先评估后展开的原则。本书从化学品基础知识、毒害基础知识讲起，让应急人员从理论上掌握化学事故现场潜在的危害以及化学事故特点、伤害特点及途径，熟悉危险化学品事故现场的应急处置措施和安全防护要求，提高化学品事故下的电力应急响应能力。

复习思考题

1. “4·6”“4·16”美国得克萨斯硝酸铵爆炸事故的原因是什么？你从中吸取了哪些教训？

2. “12·3”印度博帕尔农药厂化学品泄漏事故的原因是什么？你从中吸取了哪些教训？

3. “11·19”墨西哥城液化石油气站火灾爆炸事故的原因是什么？你从中吸取了哪些教训？

4. “7·11”西班牙液化丙烯罐车爆炸事故的原因是什么？你从中吸取了哪些教训？

5. “8·5”深圳清水河爆炸事故的原因是什么？你从中吸取了哪些教训？

6. “8·12”黄岛油库爆炸火灾事故的原因是什么？你从中吸取了哪些教训？

7. “7·28”南京栖霞地下丙烯管道爆燃事故的原因是什么？你从中吸取了哪些教训？

8. “11·22”青岛东黄输油管道泄漏爆炸事故的原因是什么？你从中吸取了哪些教训？

9. “8·12”天津港瑞海公司危险品仓库特别重大火灾爆炸事故的原因是什么？你从中吸取了哪些教训？

10. “6·5”山东临沂金誉石化有限公司液化气卸车作业液化气泄漏爆炸着火事故的原因是什么？你从中吸取了哪些教训？

11. 通过十个典型危化事故的学习，你认为应如何破解电力应急响应人员在化学品事故应急响应时的安全难题？

12. 应急响应人员在接到电力中断报警后，如果此时电力中断是因化学事故而起，应急响应人员进入化学事故现场应遵循什么原则开展救援处置？

第三章

应急管理相关法律法规

我国应急管理体系的建设起步相对较晚，尤其是针对综合性灾害的应急管理体系来说，更是如此。2003 年，“SARS”事件推动了我国应急管理过程与实践的发展，我国应急管理体系建设开始走上正轨。2006 年 1 月 8 日，国务院发布的《国家突发公共事件总体应急预案》出台，预示着我国应急预案框架体系初步形成。2007 年 8 月 30 日，中华人民共和国第十届全国人民代表大会常务委员会第二十九次会议通过《中华人民共和国突发事件应对法》，标志着我国已经基本建立起完整的应急法制框架。而后修改的《中华人民共和国安全生产法》也对应急管理工作作出了相应规定。应急管理法规标准清单详见附录 1。

第一节 《中华人民共和国突发事件应对法》解读

《中华人民共和国突发事件应对法》共计 7 章 70 条，是一部规范突发事件的预防准备、监测与预警、应急处理与救援、事后恢复与重建等应对活动的重要法律，对于预防和减少突发事件的发生，控制、减轻和消除突发事件引起的严重社会危害，保护人民生命财产安全，维护国家安全、公共安全、环境安全、社会安全和社会秩序，具有重要意义。

一、突发事件

（一）突发事件的定义

突发事件是指突然发生，造成或者可能造成严重社会危害，需要采取应急处置措施予以应对的自然灾害、事故灾害、公共卫生事件和社会安全事件。突发事件的内涵主要有以下几方面：

（1）突发事件具有明显的公共性或社会性。

（2）突发事件具有突发性和紧迫性。

（3）突发事件具有危害性和破坏性。

（4）突发事件必须借助于公权力的介入和动用社会人力、物力才能解决。

（二）突发事件的分类和分级

1. 突发事件分类

按照突发事件的性质、过程和机理的不同，可将突发事件分为 4 类，即自然灾害、事故灾难、公共卫生事件和社会安全事件。

（1）自然灾害。自然灾害主要包括水旱灾害、气象灾害、地震灾害、地质灾害、海洋灾害、生物灾害和森林草原火灾等。

（2）事故灾难。事故灾难主要包括工矿商贸等企业的各类安全事故、运输事故、公共设施和设备事故、环境污染和生态破坏事件等。

（3）公共卫生事件。公共卫生事件主要包括传染病疫情、群体性不明原因疾病、食品安全和职业危害、动物疫情，以及其他严重影响公众健康和生命安全的事件。

（4）社会安全事件。社会安全事件主要包括严重危害社会治安秩序的突发事件。

2. 突发事件分级

突发事件按照社会危害程度、影响范围、性质、可控性、行业特点等因素，将自然灾害、事故灾难、公共卫生事件分为特别重大、重大、较大和一般四级，分别用红色、橙色、黄色和蓝色表示。

二、突发事件的预防和应急准备

（一）突发事件应急预案

突发事件在时间上是突然发生的，为在关键时刻最大限度地减少损失，必须反应迅速，协调一致，及时有效地采取应对措施。为此，必须在平时制定完备的预案，预案是为完成某项工作任务所作的全面的、具体的实施方案。

（二）应急管理

应急管理是指对已经发生的突发事件，政府根据事先制定的应急预案，采取应急行动，控制或者消除正在发生的危机事件，减轻危机带来的损失，保护人民群众生命和财产安全。

（三）突发事件应急培训和演练

突发事件应急培训和演练主要是培训应急管理所需的知识和演练应急管理所需的技能，其目的一是提高各级领导的应急指挥决策能力，是科学应对突发事件的关键；二是增强政府及其部门领导干部应急管理意识，提高统筹常态管理与应急管理、指挥处置应对突发公共事件的水平。

（四）突发事件应急保障

突发事件应急保障主要是经费保障、物资保障和信息保障。

三、突发事件的监测和预警

（一）突发事件的信息与监测

监测是预警和应对的基础，为了有效地应对突发事件，必须及时掌握有关信息，对可能发生的自然灾害、事故灾难、公共卫生事件的各种现象进行监测。

（二）突发事件的预警

所谓突发事件预警，是指在已经发现可能引发突发事件的某些征兆，但突发事件仍未发生前采取的措施。建立健全预警制度的目的在于及时向公众发布突发事件即将发生的信息，使公众为应对突发事件做好准备。

四、突发事件的应急与救援

突发事件发生后，针对其性质、特点和危害程度，立即组织有关部门，调动应急救援队伍和社会力量，依照相关规定采取应急处置措施。

《中华人民共和国突发事件应对法》规定，自然灾害、事故灾难、公共卫生事件发生后，履行统一领导职责的人民政府可以采取多项应急处置措施。

（1）组织营救和救治受害人员，疏散、撤离并妥善安置受到威胁的人员以及采取其他救助措施。

（2）迅速控制危险源，标明危险区域，封锁危险场所，划定警戒区，实行交通管制以及其他控制措施。

（3）立即抢修被损坏的交通、通信、供水、排水、供电、供气、供热等公共设施，向受到危害的人员提供避难场所和生活必需品，实施医疗救护和卫生防疫以及其他保障措施。

（4）禁止或限制使用有关设备、设施，关闭或限制使用有关场所，中止人员密集的活动或者可能导致危害扩大的生产经营活动以及采取其他保护措施。

（5）启用本级人民政府设置的财政预备费用和储备的应急救援物资，必要时调用其他急需物资、设备、设施、工具。

（6）组织公民参加应急救援和处置工作，要求具有特定专长的人员提供服务。

（7）保障食品、饮用水、燃料等基本生活必需品的供应。

第二节 《中华人民共和国安全生产法》解读

《中华人民共和国安全生产法》2014 年修订后共计 7 章 114 条。修改后的《中华人民共和国安全生产法》（以下简称新法），从强化安全生产工作的摆位、进一步落实生产经营单位主体责任、政府安全监管定位和加强基层执法力量、强化安全生产责任追究等 4 个方面入手，着眼于安全生产现实问题和发展要求，补充完善了相关法律制度规定，主要有十大亮点。

一、坚持以人为本，推进安全发展

新法提出安全生产工作应当以人为本，坚持安全发展，充分体现了习近平总书记等中央领导同志近年来关于安全生产工作一系列重要指示精神，对于坚守发展决不能以牺牲人的生命为代价这条红线，牢固树立以人为本、生命至上的理念，正确处理重大险情和事故应急救援中“保财产”还是“保人命”问题，具有重大现实意义。

二、建立完善安全生产方针和工作机制

新法确立了“安全第一、预防为主、综合治理”的安全生产工作“十二字方针”，明确了安全生产的重要地位、主体任务和实现安全生产的根本途径。“安全第一”要求从事生产经营活动必须把安全放在首位，不能以牺牲人的生命、健康为代价换取发展和效益。“预防为主”要求把安全生产工作的重心放在预防上，强化隐患排查治理，打非治违，从源头上控制、预防和减少生产安全事故。“综合治理”要求运用行政、经济、法治、科技等多种手段，充分发挥社会、职工、舆论监督各个方面的作用，抓好安全生产工作。

三、落实“三个必须”，明确安全监管部门执法地位

按照“三个必须”（管业务必须管安全、管行业必须管安全、管生产经营必须管安全）的要求，新法规定：一是国务院和县级以上地方人民政府应当建立健全安全生产工作协调机制，及时协调、解决安全生产监督管理中存在的重大问题；二是明确国务院和县级以上地方人民政府安全生产监督管理部门实施综合监督管理，有关部门在各自职责范围内对有

关行业、领域的安全生产工作实施监督管理，并将其统称负有安全生产监督管理职责的部门；三是明确各级安全生产监督管理部门和其他负有安全生产监督管理职责的部门作为执法部门，依法开展安全生产行政执法工作，对生产经营单位执行法律、法规、国家标准或者行业标准的情况进行监督检查。

四、明确乡镇人民政府以及街道办事处、开发区管理机构安全生产职责

乡镇街道是安全生产工作的重要基础，有必要在立法层面明确其安全生产职责，同时，针对各地经济技术开发区、工业园区的安全监管体制不顺、监管人员配备不足、事故隐患集中、事故多发等突出问题，新法明确：乡镇人民政府以及街道办事处、开发区管理机构等地方人民政府的派出机关应当按照职责，加强对本行政区域内生产经营单位安全生产状况的监督检查，协助上级人民政府有关部门依法履行安全生产监督管理职责。

五、进一步强化生产经营单位的安全生产主体责任

新法把明确安全责任、发挥生产经营单位安全生产管理机构和安全生产管理人员作用作为一项重要内容，作出4个方面的重要规定：一是明确委托规定的机构提供安全生产技术、管理服务的，保证安全生产的责任仍然由本单位负责；二是明确生产经营单位的安全生产责任制的内容，规定生产经营单位应当建立相应的机制，加强对安全生产责任制落实情况的监督考核；三是明确生产经营单位的安全生产管理机构以及安全生产管理人员履行的七项职责；四是规定矿山、金属冶炼建设项目和用于生产、储存危险物品的建设项目竣工投入生产或者使用前，由建设单位负责组织对安全设施进行验收。

六、建立事故预防和应急救援的制度

加强事前预防和事故应急救援是安全生产工作的两项重要内容。新法规定：一是生产经营单位必须建立生产安全事故隐患排查治理制度，采取技术、管理措施及时发现并消除事故隐患，并向从业人员通报隐患排查治理情况；二是政府有关部门要建立健全重大事故隐患治理督办制度，督促生产经营单位消除重大事故隐患；三是对未建立隐患排查治理制度、未采取有效措施消除事故隐患的行为，设定了严格的行政处罚；四是赋予负有安全监管职责的部门对拒不执行执法决定、有发生生产安全事故现实危险的生产经营单位依法采取停电、停供民用爆炸物品等措施，强制生产经营单位履行决定；五是国家建立应急救援基地和应急救援队伍，建立全国统一的应急救援信息系统。生产经营单位应当依法制定应急预案并定期演练。参与事故抢救的部门和单位要服从统一指挥，根据事故救援的需要组织采取告知、警戒、疏散等措施。

七、建立安全生产标准化制度

近年来矿山、危险化学品等高危行业企业安全生产标准化取得了显著成效，工贸行业领域的标准化工作正在全面推进，企业安全生产水平明显提高。结合多年的实践经验，新法在总则部分明确提出推进安全生产标准化工作，这将对强化安全生产基础建设，促进企

业安全生产水平持续提升产生重大而深远的影响。

八、推行注册安全工程师制度

为解决中小企业安全生产“无人管、不会管”问题，促进安全生产管理人员队伍朝着专业化、职业化方向发展，国家自2004年以来连续10年实施了全国注册安全工程师执业资格统一考试，21.8万人取得了资格证书。截至2013年12月，已有近15万人注册并在生产经营单位和安全生产中介服务机构执业。为此新法确立了注册安全工程师制度，并从两个方面加以推进：一是危险物品的生产、储存单位以及矿山、金属冶炼单位应当有注册安全工程师从事安全生产管理工作，鼓励其他生产经营单位聘用注册安全工程师从事安全生产管理工作；二是建立注册安全工程师按专业分类管理制度，授权国务院有关部门制定具体实施办法。

九、推进安全生产责任保险制度

新法总结近年来的试点经验，通过引入保险机制，促进安全生产，规定国家鼓励生产经营单位投保安全生产责任保险。安全生产责任保险具有其他保险所不具备的特殊功能和优势：一是增加事故救援费用和第三人（事故单位从业人员以外的事故受害人）赔付的资金来源；二是有利于现行安全生产经济政策的完善和发展；三是通过保险费率浮动、引进保险公司参与企业安全管理，可以有效促进企业加强安全生产工作。

十、安全生产违法行为的责任追究力度

（1）规定了事故行政处罚和终身行业禁入。按照两个责任主体、四个事故等级，设立了对生产经营单位及其主要负责人的八项罚款处罚条文，大幅提高对事故责任单位的罚款金额。

（2）加大罚款处罚力度。结合各地区经济发展水平、企业规模等实际，新法维持罚款下限基本不变，将罚款上限提高了2～5倍，并且大多数罚则不再将限期整改作为前置条件。这反映了“打非治违”“重典治乱”的现实需要，强化了对安全生产违法行为的震慑力，也有利于降低执法成本、提高执法效能。

（3）建立了严重违法行为公告和通报制度。要求负有安全生产监督管理职责的部门建立安全生产违法行为信息库，如实记录生产经营单位的违法行为信息；对违法行为情节严重的生产经营单位，应当向社会公告，并通报行业主管部门、投资主管部门、国土资源主管部门、证券监督管理部门和有关金融机构。

第三节　国务院有关应急救援文件解读

一、《国务院安委会办公室关于贯彻落实国务院〈通知〉精神　进一步加强安全生产应急救援体系建设的实施意见》解读

为深入贯彻落实《国务院关于进一步加强企业安全生产工作的通知》（国发〔2010〕

23号，以下简称《国务院通知》）精神，切实落实企业安全生产主体责任，加快建设更加高效的安全生产应急救援体系，国务院安委会办公室提出了实施意见。

其中第二条为进一步加强安全生产应急救援队伍体系建设，其中第四款为加强其他重点行业（领域）应急救援体系建设。各建筑（隧道）施工、军工、民用爆炸物品等重点行业（领域）企业要根据有关规定和要求，加强专兼职应急救援队的建设，提高应急救援能力。按规定不需建立或不具备建立专职应急救援队条件的企业，必须与当地具备相应能力的相关专职应急救援队签订应急救援协议。各级安全监管部门要加强综合协调，大力支持公安消防、公路交通、铁路运输、水上搜救、船舶溢油、民用航空、电力等行业（领域）专业应急救援体系建设，重点是搞好规划、合理布局、增加装备、健全队伍、提升素质，形成完善的专业应急救援体系。明确提出电力等行业（领域）专业应急救援体系建设。

二、《国务院办公厅关于加强基层应急队伍建设的意见》解读

《国务院办公厅关于加强基层应急队伍建设的意见》（国办发〔2009〕59号）指出，基层应急队伍是我国应急体系的重要组成部分，是防范和应对突发事件的重要力量。多年来，我国基层应急队伍不断发展，在应急工作中发挥着越来越重要的作用。但是，各地基层应急队伍建设中还存在着组织管理不规范、任务不明确、进展不平衡等问题。为贯彻落实突发事件应对法，进一步加强基层应急队伍建设，经国务院同意，国务院办公厅提出了加强基层应急队伍建设的意见。

意见中的第三条第五款为推进公用事业保障应急队伍建设。县级以下电力、供水、排水、燃气、供热、交通、市容环境等主管部门和基础设施运营单位，要组织本区域有关企事业单位懂技术和有救援经验的职工，分别组建公用事业保障应急队伍，承担相关领域突发事件应急抢险救援任务。重要基础设施运营单位要组建本单位运营保障应急队伍。要充分发挥设计、施工和运行维护人员在应急抢险中的作用，配备应急抢修的必要机具、运输车辆和抢险救灾物资，加强人员培训，提高安全防护、应急抢修和交通运输保障能力。此款明确提出县级以下电力企业应组建本单位保障应急队伍。

第四节 《国家大面积停电事件应急预案》解读

2015年11月13日，国务院办公厅发布《国家大面积停电事件应急预案》（以下简称“新《预案》”），原2005年5月24日经国务院批准、由国务院办公厅印发的《国家处置电网大面积停电事件应急预案》（以下简称“原《预案》”）同时废止。与原《预案》相比，新《预案》在适用范围、分级标准、应急指挥部、组织体系、应急响应等多个方面进行了调整完善，并增加了监测预警和信息报告相关规定。全文请参见附录2。

一、调整了预案的适用范围

新《预案》明确：大面积停电事件是指由于自然灾害、电力安全事故和外力破坏等原因造成区域性电网、省级电网或城市电网大量减供负荷，对国家安全、社会稳定以及人民

群众生产生活造成影响和威胁的停电事件。重点强调了大面积停电事件作为社会突发事件的典型特征，适用范围由原《预案》规定的“重要中心城市电网”调整为所有“城市电网”。

二、调整了事件的处置组织指挥体系

指挥机构分为国家、地方政府、企业三个层面。国家层面可成立国务院工作组或国家大面积停电事件应急指挥部，指挥部由发展改革委、中央宣传部、公安部等27家单位组成；县级以上地方人民政府要结合实际，成立相应的组织指挥机构，建立健全应急联动机制；电力企业建立健全应急指挥机构，在政府组织指挥机构领导下开展大面积停电事件应对工作。同时明确，国家能源局负责大面积停电事件应对的指导协调和组织管理工作。

三、明确了地方人民政府是事件应对的责任主体

对应事件的四个级别，应急响应设定为Ⅰ级、Ⅱ级、Ⅲ级和Ⅳ级四个等级。事发地人民政府负责本区域事件应对工作。新《预案》规定，启动Ⅰ级、Ⅱ级应急响应，由事发地省级人民政府负责指挥应对工作；启动Ⅲ级、Ⅳ级应急响应，由事发地县级或市级人民政府负责指挥应对工作。

四、增加了监测预警和信息报告规定

新《预案》增加了“监测预警和信息报告”章节，建立了监测预警工作机制，规范预警信息发布、预警行动、预警解除和信息报告工作，明确了地方人民政府电力运行主管部门、国家能源局派出机构、电力企业、重要电力用户相关责任。

五、保障措施更具体

新《预案》明确了电力企业应建立健全电力抢修应急专业队伍，加强装备维护和应急抢修技能方面的人员培训，定期开展应急演练，提高应急救援能力。对装备物资、通信、交通运输、技术等应急保障内容均作出具体要求。

从以上法律法规内容来看，电力企业应建立健全电力抢修应急专业队伍，应具备各种停电情况下的电力系统快速修复能力，这也算是对电力应急队伍定下的目标，应具备各种情况下的响应技能，这其中自然包括化学事故外力破坏下的电力应急响应。由此可见，电力应急队伍熟悉化学品事故下的应急规则和化学事故特点也是必备技能之一。

复习思考题

1.《中华人民共和国突发事件应对法》共计有几章？多少条款？为什么说该法律是一部规范突发事件的预防准备、监测与预警、应急处理与救援、事后恢复与重建等应对活动的重要法律？该法律对于预防和减少突发事件的发生，控制、减轻和消除突发事件引起的严重社会危害，保护人民生命财产安全，维护国家安全、公共安全、环境安全、社会安全和社会秩序，具有什么重要意义？

2.什么是突发事件？突发事件的内涵主要有哪几个方面？

3. 突发事件的分类是怎样的？突发事件分为几级？各级用什么颜色表示？

4. 突发事件的预防和应急准备有哪些具体内容？各有什么要求？

5. 对突发事件的监测和预警要求是什么？

6. 突发事件的应急与救援措施有哪些？

7. 坚持以人为本，推进安全发展的重要内涵是什么？

8.《中华人民共和国安全生产法》在正确处理重大险情和事故应急救援中的“保财产”还是“保人命”问题上具有什么重大现实意义？

9. 加强事前预防和事故应急救援这两项都是安全生产工作的重要内容，怎样做好这两方面的工作？

10.《国务院安委会办公室关于贯彻落实国务院〈通知〉精神 进一步加强安全生产应急救援体系建设的实施意见》对电力行业应急救援体系建设提出的重点要求是什么？

11.《国务院办公厅关于加强基层应急队伍建设的意见》（国办发〔2009〕59号）中对基层应急队伍的建设提出了哪些要求？

12. 2015年11月13日，国务院办公厅发布的《国家大面积停电事件应急预案》中对电力企业应急救援工作提出了哪些具体要求？

第四章

化学物中毒基础知识

在品种繁多的化学品中，多数是有毒化学物质，在生产、使用、储存和运输过程中有可能对人体产生危害，甚至危及人的生命，造成巨大的灾难性事故。因此，了解和掌握有毒化学物质对人体危害的基本知识，对于加强有毒化学物质的管理，防止其对人体的危害和中毒事故的发生，无论对管理人员还是员工，都是十分必要的。电力应急人员学习掌握其基本知识，则可以有效避免应急响应中出现的意外中毒事故。

第一节　毒物、毒性和毒性作用

一、毒物及其分类

1. 毒物

毒物通常是指在一定条件下的外来化学物，以较小的剂量作用于生物体，就能扰乱或破坏生物体的正常生理功能，引起组织结构的病理改变，甚至危及生命。

化学物质的有毒元素是相对的，并不存在绝对的界线。任何一种化学物在一定条件下可能是有毒的，而在另一条件下则可能对人体的健康是无害的。有句古话说得非常形象，“万物皆毒惟量也”，还有一句中国古语是“是药三分毒”，这是指的中草药，西药是百分之百有毒。几乎所有的化学物质，当它进入生物体内超过一定量时，都能产生不良作用，即使是安全的药物或食品中的某些主要成分，如果超过一定剂量，均可引起毒效应。例如，食盐一次服用15～60g也有害于健康，一次用量达200～250g则会因其吸水作用而导致电解质严重紊乱引起死亡。

2. 剂量

一种物质对生物体是有毒或无毒主要取决于它的剂量（浓度），只能以产生毒效应的剂量（浓度）的大小相对地加以区别。不同化学物对生物体引起的毒效应所需的剂量差别很大。有些化学物只要接触几微克即可导致死亡，常被称为极毒化学物；另一些化学物，即使给予几克或更多，也不会引起有毒效应，常被认为是微毒或基本无毒的化学物。

3. 毒物来源

人类开始接触的毒物，主要来自动植物中的天然毒物。自19世纪工业革命以来，合成化学物大量面世。随着科学技术的迅猛发展，越来越多的化学合成品进入各种生产和生活领域。目前，人们经常使用和接触的约有7万～8万种。此外，每年还有1000多种的新产品投入市场，人们接触的化学物质无论是在品种上还是在数量上都日益增加。

4. 化学物质分类

化学物质随用途和习惯不同而有不同分类方法，按其用途和分布范围的分类方法见表4-1-1。此外，还可以按毒性级别、毒作用性质、化学结构和理化性质等对化学物质分类，可根据具体需要情况进行选择。

表4-1-1　化学物质按其用途和分布范围分类表

用　途	分　布　范　围
工业化学品	生产原料、辅剂、中间体、副产品、杂质、成品等
食品添加剂	糖精、香精、食用色素、防腐剂等

续表

用　　途	分　布　范　围
日用化学品	化妆品、清洁与洗涤用品、防虫杀虫用品等
农用化学品	化肥、杀虫剂、除草剂、植物生长调节剂、保鲜剂等
医用化学品	各种剂型的药物、消杀剂、造影剂等
环境污染物	存在于废水、废气、废渣中的各种化学物质
生物毒素	动物毒素、植物毒素、细菌毒素、霉菌毒素等
军事毒物	芥子气等化学战毒剂
放射性物质	放射性核素、天然放射性元素等

二、毒性及其分级

1. 毒性

毒性是指某种化学物引起机体损害能力的大小或强弱。化学物的毒性大小与机体吸收该化学物的剂量、进入靶器官毒效应部位的数量和引起机体损害的程度有关。高毒性的化学物质仅以小剂量就能引起机体的损害，低毒性的化学物质则需大剂量才能引起机体的伤害。化学物引起某种毒效应所需的剂量愈小，毒性愈大，所需的剂量愈大，则毒性就愈小。在同样剂量水平下，高毒性化学物引起机体的损害程度较严重，而低毒性化学物引起的损伤程度往往较轻微。

2. 毒性分级的依据

为了较快地判断工业化学物毒性的大小，常用引起50%的动物死亡的剂量或浓度作为分级依据。引起50%的动物死亡的剂量或浓度则称半数致死剂量（LD_{50}）或半数致死浓度（LC_{50}），它是常用的急性毒性分级主要依据。在生产、包装、运输、储存和销售使用过程中，需要根据化学物毒性分级，采取相应的防护措施。需要特别注意的是，某些化学物质急性毒性不大，而慢性毒性却很高，所以化学物的急性毒性分级与慢性分级不能一概而论。

3. 化学物质的毒性分级

根据半数致死剂量值的不同，将工业化学物的急性毒性分为剧毒、高毒、中等毒、低毒、微毒5级，分级标准见表4-1-2。

表4-1-2　　化学物质的急性毒性分级标准

毒性分级	大鼠一次经口 LD_{50}/(mg/kg)	6只大鼠吸入4h死亡2～4只的浓度/ppm	兔涂皮时 LD_{50}/(mg/kg)	对人可能致死量	
				g/kg	总量/g（60kg体重）
剧毒	<1	<10	<5	<0.05	0.1
高毒	1～50（不含）	10～100（不含）	5～44（不含）	0.05～0.5（不含）	3
中等毒	50～500（不含）	100～1000（不含）	44～350（不含）	0.5～5（不含）	30
低毒	500～5000	1000～10000	350～2180	5～15	250
微毒	>5000	>10000	>2180	>15	>1000

三、毒性作用（毒效应）及其分类

1. 化学物质的毒性作用

化学物质的毒性作用是毒物原型或其代谢产物在效应部位达到一定数量并停留一定时间，与组织大分子成分互相作用的结果。毒性作用又称为毒效应，是化学物质对机体所致的不良或有害的生物学改变，故又可称为不良效应、损伤作用或损害作用。

毒性作用的特点是，在接触化学物质后，机体表现出各种功能障碍、应激能力下降、维持机体稳态能力降低及对于环境中的其他有害因素敏感性增高等。这些毒效应可以根据不同的分类原则划分为不同的类型。

2. 按毒性作用发生的时间分类

（1）急性毒作用。急性毒作用指较短时间内（小于 24h）一次或多次接触化学物后，在短期内（小于两周）出现的毒效应。

（2）慢性毒作用。慢性毒作用指长期甚至终身接触小剂量化学物缓慢产生的毒效应。

（3）迟发性毒作用。迟发性毒作用指在接触当时不引起明显病变，或者在急性中毒后临床上可暂时恢复，但经过一段时间后，又出现一些明显的病变和临床症状。

（4）远期毒作用。远期毒作用指化学物作用于机体或停止接触后，经过若干年后发生不同于中毒病理改变的毒效应。

3. 按毒性作用发生的部位分类

（1）局部毒作用。局部毒作用是生物体最初接触毒物的部位发生的毒性作用。如某些外源性化学物质与水分子或细胞成分有明显亲和性，在皮肤、上消化道、呼吸道，少数在阴道、直肠、尿道、膀胱等接触部位起作用，局部发生刺激或腐蚀现象。

（2）全身毒作用。全身毒作用是指毒物吸收进入血液后，从接触的局部经吸收和分布过程，转运至其他部位（器官或组织），并在这些部位产生毒性效应。如某些外源性化合物被吸收进入血液循环，分布到全身各脏器后出现病理变化和障碍。

4. 按毒性作用损伤的恢复情况分类

（1）可逆性毒作用。可逆性毒作用是由外来化合物所致，毒作用（损害）在停止染毒或终止接触后可逐渐减轻，所引起的组织结构和功能改变恢复正常。如受损伤的组织再生能力较强，或外来化合物与酶或受体等非共价结合所产生的毒作用，往往是可逆的。

（2）不可逆性毒作用。不可逆性毒作用是指在停止接触毒物后，其毒性作用继续存在，甚至进一步造成机体的损害。一般认为，化学致癌和化学物导致的先天畸形，是不可逆性毒作用。长期、低剂量或短期高剂量中毒损伤严重，因而不可逆。对中枢神经系统的损害，基本上是不可逆毒作用。一般认为化学致癌和化学物引起的先天畸形，也都是不可逆毒作用。

（3）可逆毒作用与不可逆性毒作用的区别。肝脏组织在药物损伤后，具有高度的再生能力，大部分损伤都是可逆转的；但是中枢神经系统细胞为已分化细胞，一旦损失就不可再生和取代，因此常体现不可逆的毒作用。其他如药物的致癌性和致畸性也通常被看成是不可逆毒作用。

5. 按毒性作用的性质分类

（1）一般毒性作用。一般毒性作用根据接触毒物的时间长短分为急性毒性作用、重复剂量毒性作用（短期）、亚慢性毒性作用和慢性毒性作用。相对应进行的观察和评价毒效应的试验即为急性毒性试验、重复剂量毒性试验（短期毒性试验）、亚慢性毒性试验和慢性毒性试验。

1）急性毒性作用。急性毒性作用是指机体（实验动物或人）一次或24h内多次接触外源化学物后在短期内所产生的毒作用及死亡。观察指标主要是死亡效应，还包括一般行为和外观改变、大体形态变化。是了解外源化学物对机体产生急性毒性的主要依据，是毒理学研究中的最基础工作。观察时间一般为14d，如有必要可延长至14d以上。与亚慢性、慢性中毒相比，中毒症状严重，常发生死亡。

2）短期重复剂量毒性作用。指实验动物或人连续接触外源化学物超过14～30d所产生的中毒效应（28d短期毒性试验）。

3）亚慢性毒性作用。指实验动物或人连续较长期（1～6个月，相当于生命周期的1/10）接触外源化学物所产生的中毒效应（90d亚慢性毒性试验）。

4）慢性毒性作用。指实验动物长期染毒外源化学物所引起的毒性效应（6个月以上，24个月慢性毒性试验）。

5）几种毒性试验的目的。

a. 观察长期接触受试物的毒性效应谱、毒作用特点和毒作用靶器官，了解其毒性机制。

b. 观察长期接触受试物毒性作用的可逆性。

c. 研究重复接触受试物毒性作用的剂量-反应（效应）关系，从初步了解到确定未观察到有害作用的剂量和其观察到有害作用的最低剂量，为制定人类接触的安全限量提供参考值。

d. 确定不同动物物种对受试物的毒效应的差异，为将研究结果外推到人提供依据。

（2）特殊毒作用。特殊毒作用包括变态反应、特异体质反应、致癌作用、致畸作用和致突变作用。

1）变态反应。变态反应是指机体免疫系统对一些无害性的物质，例如花粉、动物皮毛等过于敏感，发生的免疫应答，也叫超敏反应。容易发生变态反应，与先天性遗传有一定关系。具有特应性体质的人与抗原首次接触时，也可以导致过敏，但是不会产生临床反应。变态反应分为四型：一型变态反应又称为过敏反应，是临床上最常见的，这种反应发生快，消退也快，通常表现为生理功能紊乱，而没有出现严重的组织损伤；二型变态反应又称为细胞毒性反应；三型变态反应又称为免疫复合物型反应，其特点是游离抗体与相应的抗体结合，形成免疫复合物，如果不能被及时排出，很可能在局部沉积，发生一系列的连锁反应而导致组织损伤；四型变态反应又称为迟发型变态反应，与上述的三种变态反应有所不同，因为它是由特异性致敏细胞所引起。

2）特异体质反应。特异体质是指体质状况不同于常人的体质，例如对药物、食物、油漆、花粉过敏等。特异体质反应如下：

a. 过敏。指有的人对药物反应高于一般人，其中一部分是由遗传因素所致，称为特异体质；另一部分是由免疫系统参与而形成的差异，称为变态反应。

b. 特殊疾病。指非危及生命的恶性病变，包括心脏病、脑血管疾病、轻微脑中风、癫痫、血液系统疾病等。

c. 心理偏差。指在大脑生理生化功能障碍和人与客观现实关系失调的基础上产生的对客观现实的歪曲的反映。

3）致癌作用。致癌作用是指外源性物质作用于机体后引起细胞失控的非正常的快速复制效应。人类罹患癌症多数是由化学因素引起的。多数化学致癌物进入细胞后与DNA共价结合，引起基因突变或染色体结构和数目突变，最终导致癌变。化学致癌过程包括引发阶段和促长阶段。前者为少数正常细胞在终致癌物作用下，转变为癌前细胞的过程，其时间甚短，且不可逆转。后者系潜伏的癌前细胞在促癌物不断作用下，恶性肿瘤细胞不断增殖，最终形成肿块，其时间较长，但可逆转。化学物致癌作用通过快速筛选试验和长期致癌试验测试，前者包括致突变试验和局部致癌试验。

4）致畸作用。致畸作用是指能作用于妊娠母体，干扰胚胎的正常发育，导致先天性畸形的毒作用。畸形仅指解剖结构上可见的形态发育缺陷，具有畸形的胚胎或胎儿称为畸胎。环境污染物中的甲基汞对人有致畸作用。从动物实验中发现，有致畸作用的还有四氯代二苯并二噁英、西维因、敌枯双、艾氏剂、五氯酚钠和脒基硫脲等。

5）致突变作用。致突变作用是指污染物或其他环境因素引起生物体细胞遗传信息发生突然改变的作用。这种变化的遗传信息或遗传物质在细胞分裂繁殖过程中能够传递给子代细胞，使其具有新的遗传特性。具有这种致突变作用的物质，称为致突变物（或称诱变剂）。

四、毒性参数

化学物的毒性可以用一些毒性参数表示，常用的毒性参数有以下四种。

1. LD_{50}

目前，最通用的急性毒性参数仍采用动物致死剂量或浓度，因为死亡是最明确的观察指标，见表4-1-3。

表4-1-3　采用动物致死剂量或浓度表示的急性毒性参数

急性毒素参数	动物中毒反映和症状
绝对致死剂量	化学物质引起受试动物全部死亡所需要的最低剂量或浓度。如再降低剂量，即有可能存活者
半数致死剂量	化学物质引起一半受试动物出现死亡所需要的剂量。化学物质的急性毒性与LD_{50}呈反比，即急性毒性越大，LD_{50}的数值越小
最小致死剂量	化学物质引起个别动物死亡的最小剂量，低于该剂量水平，不再引起动物死亡
最大耐受剂量	化学物质不引起受试对象出现死亡的最高剂量，若高于该剂量即可出现死亡

在毒理学中，半数致死剂量（简称LD_{50}）是描述有毒物质或辐射的毒性的常用指标。按照医学主题词表的定义，LD_{50}是指能杀死一半试验总体的有害物质、有毒物质或游离辐射的剂量。根据物质的半致死剂量LD_{50}值，美国科学院把毒性物质危险程度划分为以下5个等级：

（1）0级：无毒性，$LD_{50}>15g/kg$。

（2）1级：实际无毒性，$5g/kg<LD_{50}\leqslant 15\ g/kg$。

（3）2级：轻度毒性，$0.5g/kg<LD_{50}\leqslant 5\ g/kg$。

（4）3级：中度毒性，$50mg/kg\leqslant LD_{50}\leqslant 500mg/kg$；

（5）4级：毒性，LD_{50}≤50mg/kg。

毒性较强的氰离子（CN^-），一般每公斤体重1mgCN^-的剂量即可致死。对于体重60kg的人而言致死量约为60mg氰离子。一些有毒物质及其对人的致死范围示例如下：

（1）吗啡：1～50mg/kg。

（2）阿司匹林：50～500mg/kg。

（3）甲醇：500～5000mg/kg。

（4）乙醇：5000～15000mg/kg。

2. 阈剂量

阈剂量是指化学物质引起生物体开始发生效应的剂量，即低于阈剂量效应不发生、达到剂量时作用即将发生的最低剂量。一次染毒所得的阈剂量称急性阈剂量，长期多次小剂量染毒所得的阈剂量称慢性阈剂量。在亚慢性或慢性实验中，阈剂量表达为最低有害作用水平。类似的概念还有最小作用剂量。

从阈剂量开始到刚好引起受试动物死亡的剂量为止（实际工作中以半数致死量为上限），为毒物的毒作用带。毒物的毒作用带范围越小，危险性就越大。

阈剂量是确立最大无作用剂量的依据，最大无作用剂量又是确立有害物质在环境中的最大容许浓度的毒理学依据。

3. 无作用剂量

在一定时间内，一种外源化学物按一定方式或途径与生物体接触，不引起生物体某种毒效应的最大剂量称为无作用剂量，比其高一档水平的剂量就是阈剂量。无作用剂量一般是根据目前认识水平，用最敏感的实验动物，采用最灵敏的实验方法和观察指标，未能观察到化学物对生物体有害作用的最高剂量。因此，在亚慢性或慢性实验中，以无明显作用水平或无明显有害作用水平表示。

实际上，阈剂量和无作用剂量都有一定的相对性，不存在绝对的阈剂量和无作用剂量。因为，如果使用更敏感的实验动物和观察指标，就可能出现更低的阈剂量或无作用剂量。因此，将阈剂量和无作用剂量称为可见最小有害作用水平（LOAEL）和无可见有害作用水平（NOAEL）较为确切。在表示某种外来化学物的LOAEL和NOAEL时，必须说明实验动物的种属、品系、染毒途径、染毒时间和观察指标。根据亚慢性或慢性毒性试验的结果获得的LOAEL和NOAEL，是评价外来化学物引起生物体损害的主要指标，可作为制订某种外来化学物接触限值的基础。

4. 蓄积系数

蓄积系数又称为蓄积因子或积累系数，是指多次染毒使半数动物出现毒性效应的总有效剂量$ED_{50}(n)$与一次染毒的半数有效量$ED_{50}(1)$之比值，毒性效应包括死亡。化学物在生物体内的蓄积现象，是发生慢性中毒的物质基础。蓄积毒性是评价外来化学物是否容易引起慢性中毒的指标，蓄积毒性大小可用蓄积系数（K）来表示，$K=ED_{50}(n)/ED_{50}(1)$，K值愈大，蓄积毒性愈小。

五、中毒危险性指标

中毒危险性指标可进一步说明化学物的毒性和毒作用特点。

1. 致死作用带

致死作用带是指不同的致死性指标之间的比值，如 LD_{100}/LD_{50} 或 LD_{100}/MLD（最低致死剂量）。致死作用带实际上反映化学物致死剂量的离散程度。致死作用带愈窄，表示该化学物引起实验动物死亡的危险性愈大。

2. 急性毒性作用带

急性毒性作用带通常以半数致死剂量与急性阈剂量的比值（LD_{50}/Lim_{ac}）表示。某化学物的急性毒作用带愈宽，说明该化学物引起急性致死中毒的危险性愈小。

3. 慢性毒作用带

慢性毒作用带通过以急性阈剂量与慢性阈剂量的比值（Lim_{ac}/Lim_{ch}）表示。某化学物的慢性毒作用带愈宽，表明该化学物在体内的蓄积作用愈大，说明该化学物引起慢性中毒的危险性愈大，实验动物多次接受较低剂量（浓度）的化学物，即能产生慢性毒效应。

4. 吸入中毒危险性指标

用吸入中毒危险性指标来表示化学物经呼吸道吸入中毒的危险性，除与半数致死浓度（LC_{50}）大小有关外，还与该化学物的挥发性有关。以化学物在 20℃时的蒸汽饱和浓度作为衡量权重之一，即急性吸入中毒危险指数，I_{ac} = 20℃下化学物蒸汽的饱和浓度/小鼠吸入 2h 的 LC_{50}。

5. 立即危及生命或健康（*IDLH*）的浓度

立即危及生命或健康（*IDLH*）的浓度是由美国职业安全卫生研究所提出的，是制定呼吸防护器选用标准的一种最高浓度。*IDLH* 浓度是指接触有害化学物质的作业人员在呼吸器失效或损坏的情况下，于 30min 之内撤离现场而不致发生损伤（如眼部或呼吸道的刺激）或不可逆的健康影响的车间空气中化学物质的最高浓度。*IDLH* 对评价化学物质的急性职业中毒的可能性有重要参考作用，具有 *IDLH* 浓度值的化学物质大多有发生急性中毒的可能。

第二节　毒物在体内的过程及其危害

一、毒物进入人体的途径

工业性毒物主要经呼吸道吸入方式进入人体，也可经皮肤和消化道进入人体，如图 4-2-1 所示。

1. 呼吸道

(1) 呼吸道由鼻咽部、气管-支气管、细支气管和肺泡等组成。因肺泡膜极薄，表面积大（50～100m²），供血丰富，呈气体、蒸汽和气溶胶状态的毒物均可经呼吸道迅速吸收，大部分生产性毒物均由此途径进入人体而中毒，肺组织是呼吸道中吸收毒物的主要器官。经呼吸道吸收的毒物未经肝脏的生物转化解毒过程即直接进入大循环并分布全身，毒作用发生较快。

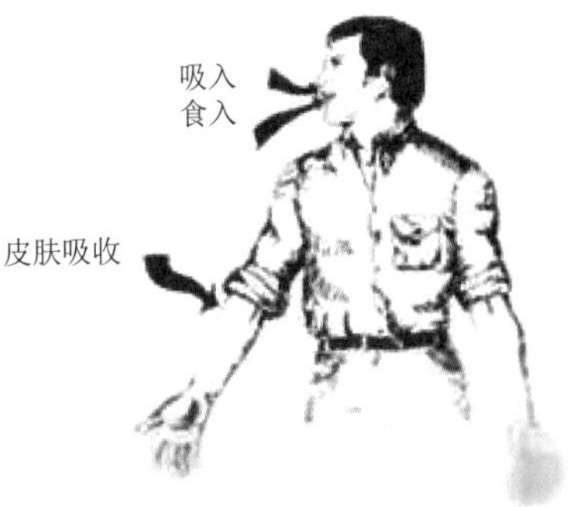

图 4-2-1　工业性毒物进入人体的途径

（2）气态毒物经过呼吸道吸收受许多因素的影响，其中主要因素是毒物在空气中的浓度或肺泡气与血浆中的分压差。浓度高的气态毒物在呼吸膜内外的分压差大，进入机体的速度就较快。其次，与毒物的分子量及其血/气分配系数有关。质量轻的气体，扩散较快；分配系数大的毒物，易吸收。例如，二硫化碳的血/气分配系数为5，苯的为6.85，而甲醇的为1700，故甲醇较二硫化碳和苯易被吸收入血液。

（3）气态毒物进入呼吸道的深度取决于其水溶性。水溶性较大的毒物（如氨气等）易在上呼吸道吸收，除非浓度较高，一般不到达肺泡。水溶性较小的毒物（如光气、氮氧化物等）因其对上呼吸道的刺激较小，易进入呼吸道深部。此外，劳动强度、肺的通气量与肺血流量，以及生产环境的气象条件等因素也可影响毒物在呼吸道中的深度。

（4）气溶胶状态的毒物在呼吸道的吸收情况颇为复杂，受呼吸道结构特点、呼吸方式、粒子的形状、分散度、溶解度以及呼吸系统的清除功能等多种因素的影响。

2. 皮肤

（1）皮肤对外来化合物具有屏障作用，但确有不少外来化合物可经皮肤吸收，如芳香族的氨基和硝基化合物、有机磷酸酯类化合物、氨基甲酸酯类化合物、金属有机化合物（四乙铅）等，可通过完整皮肤吸收入血而引起中毒。毒物主要通过表皮细胞，也可通过皮肤的附属器（如毛囊、皮脂腺或汗腺）进入真皮而被吸收入血。但皮肤附属器仅占皮肤表面积的0.1%～0.2%，只能吸收少量毒物，实际意义并不大。经皮肤吸收的毒物也不经肝脏的生物转化解毒过程，直接进入血液循环。

（2）毒物经皮吸收分为穿透皮肤角质层及由角质层进入乳头层和真皮而被吸收入血的两个阶段。毒物穿透角质层的能力与其分子量的大小、脂溶性和角质层的厚度有关，相对分子质量大于300的物质一般不易透过角质层。角质层下的颗粒层为多层结构，且胞膜富含固醇磷脂，脂溶性物质可透过此层，但能阻碍水溶性物质进入。毒物经表皮到达真皮后，如不同时具有一定水溶性，也很难进入真皮的毛细血管，故易经皮吸收的毒物往往是脂、水两溶性物质，所以了解其脂/水分配系数有助于估测经皮吸收的可能性。某些难经皮肤吸收的毒物，如金属汞蒸气，在浓度较高时也可经皮肤吸收。皮肤有病损或表皮屏障遭腐蚀性毒物破坏，原本难经完整皮肤吸收的毒物也能进入。毒物的浓度和黏稠度、接触皮肤的部位和面积、生产环境的温度和湿度等均可影响毒物经皮吸收。

3. 消化道

毒物可经消化道吸收，但在生产过程中，毒物经消化道摄入所致的职业中毒甚为少见。由于个人卫生状况不良或食物受毒物污染时，毒物可经消化道进入体内，尤其是固体或粉末状毒物。难溶性的气溶胶进入呼吸道后，被呼吸系统清除至咽喉部位时，也可随吞咽动作进入消化道。有的毒物（如氰化物）进入口腔，可被口腔黏膜吸收。

二、毒物在体内的过程

1. 毒物在人体的分布

毒物被吸收后，随血液循环（部分随淋巴液）分布到全身。毒物在体内分布的情况主要取决于其进入细胞的能力及与组织的结合力。毒物在体内各部位分布是不均匀的，同一种毒物在不同的组织和器官分布量有多有少。有些毒物相对集中于某组织或器官中，如铅、氟集中于骨骼，一氧化碳集中于红细胞。在组织器官相对集中的毒物随时间的推移而有所变动，呈动态变化。最初，常分布于血流量较大的组织器官，随后逐渐移至血液循环较差的部位。当在作用点达到一定浓度时，就可发生中毒。人体中毒器官和中毒毒物如图 4-2-2 所示。

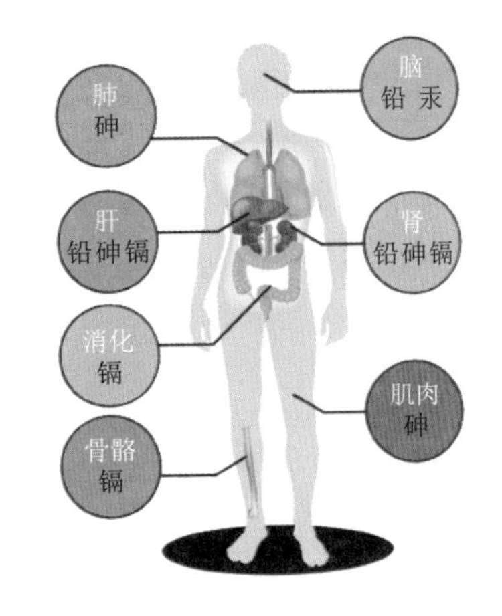

图 4-2-2 人体中毒器官和中毒毒物

2. 生物转化

毒物进入生物体后，有的可直接作用于靶部位产生毒效应，并可以原形排出。病变部位常被形象的称为靶部位，它可以是靶组织、靶器官，也可以是靶细胞或细胞内的某靶点。但多数毒物吸收后在体内代谢酶的作用下，其化学结构会发生一系列改变，形成其衍生物和分解产物，通常把毒物进入生物体后形成其衍生物和分解产物的过程称为毒物的生物转化或代谢转化。

毒物在体内的生物转化主要包括氧化、还原、水解和结合（或合成）四类反应。毒物经生物转化后，亲脂物质最终变为更具极性和水溶性的物质，有利于经尿或胆汁排出体外；同时，也使其透过生物膜进入细胞的能力以及与组织成分的亲和力减弱，从而消除或降低其毒性。但是，也有不少毒物经生物转化后其毒性反而增强，或由无毒而变为有毒。许多致癌物如芳香胺、苯并［a］芘等，均是经代谢转化而被活化。

3. 排出

毒物在体内可以原形或以代谢物的形式排出，排出的速率对其毒效应有较大影响，排出缓慢的，其潜在的毒效应相对较大。

（1）肾脏是排泄毒物及其代谢物极为有效的器官，是最重要的排泄途径，许多毒物均经肾排出。其排出速度，除受肾小球滤过率、肾小管分泌及重吸收作用的影响外，还取决于物质本身的分子量、脂溶性、极性和离子化程度。尿中排出的毒物或代谢物的浓度常与血液中的浓度密切相关，所以测定尿中毒物或其代谢物水平，可间接衡量毒物的体内负荷情况，结合临床表现和其他检查，有助于诊断。

（2）气态毒物可以其原形经呼吸道排出，例如乙醚、苯蒸气等。排出的方式为被动扩散，排出的速率主要取决于肺泡呼吸膜内外有毒气体的分压差，通气量也影响其排出速度。

（3）消化道、肝脏也是毒物排泄的重要器官，尤其对经胃肠道吸收的毒物更为重要。肝脏是许多毒物的生物转化部位，其代谢产物直接排入胆汁随粪便排出。有些毒物（如铅、锰等）可由肝细胞分泌，经胆汁随粪便排出。有些毒物排入肠腔后可被肠腔壁再吸收，形成肝肠循环。

（4）其他途径，如汞可经唾液腺排出，铅、锰、苯可经乳腺排入乳汁，有的还可通过胎盘屏障进入胎儿（如铅等）。头发和指甲虽然不是排出器官，但有的毒物可富集于此，如铅、砷等。

4．蓄积

毒物进入体内的总量超过转化和排出总量时，体内的毒物就会逐渐增加，此种现象称为毒物的蓄积。毒物的蓄积作用是引起慢性中毒的物质基础。当毒物的蓄积部位与其靶器官一致时，则易发生慢性中毒，例如有机汞化合物蓄积于脑组织，可引起中枢神经系统损害。若蓄积部位并非其毒作用部位时，此部位则称为该毒物的“储存库”，如铅蓄积于骨骼内，对毒性危害起缓冲作用。但在某些条件下，如感染、服用酸性药物等，体内平衡状态被打破时，储存库内的毒物可释放入血液，有可能诱发或加重毒性反应。

有些毒物因其代谢迅速，停止接触后，体内的含量很快降低，难以检出。但反复接触，仍可引起中毒。例如反复接触低浓度有机磷农药，由于每次接触所致的胆碱酯酶活力轻微抑制的叠加作用，最终引起酶活性明显抑制，而呈现所谓功能蓄积。

三、影响毒物对机体毒作用的因素

1．毒物的化学结构

物质的化学结构不仅直接决定其理化性质，也决定其参与各种化学反应的能力，而物质的理化性质和化学活性又与其生物学活性和生物学作用有着密切的联系，并在某种程度上决定其毒性。一些毒物的化学结构与其毒性有关，例如脂肪族直链饱和烃类化合物的麻醉作用，在3～8个碳原子范围内，随碳原子数增加而增强；氯代饱和烷烃的肝脏毒性随着氯原子取代数的增加而增大等。据此，可推测某些新化学物的大致毒性和毒作用特点。

毒物的理化性质对其进入途径和体内过程有重要影响。分散度高的毒物，易经呼吸道吸收，化学活性也大，例如锰的烟尘毒性大于锰的粉尘。沸点低而挥发性大的毒物，在空气中的蒸气浓度高，吸入中毒危险性大；一些毒物绝对毒性虽大，但其挥发性很小，其吸入中毒的危险性就不大。毒物的溶解度也和其毒作用特点有关，氧化铅较硫化铅易溶解于血清，故其毒性大于后者；苯易溶于脂肪，进入体内主要分布于含类脂质较多的骨髓及脑组织，因此，对造血系统、神经系统毒性较大。刺激性气体因其水溶性差异，对呼吸道的作用部位和速度也不尽相同。

2．剂量、浓度和接触时间

不论毒物的毒性大小如何，都必须在体内达到一定数量才会引起中毒。空气中毒物浓度高，接触时间长，若防护措施不良，则进入体内的毒量大，发生中毒的概率就高。由于作用时间一般来说是相对固定的，因此降低空气中毒物的浓度，减少毒物进入体内的数量是预防职业中毒的最重要环节。

3．联合作用

（1）毒物的联合作用。在生产环境中常有几种毒物同时存在并作用于人体的情况，这种作用可表现为独立作用、相加作用、协同作用和拮抗作用。毒物的拮抗作用在实际中并无多大意义。在进行毒物危害或安全性评价时应注意毒物的相加或协同作用，还应注意与生活性毒物的联合作用。

（2）生产环境和劳动强度。环境中的温、湿度可影响毒物对机体的毒作用，在高温环境下毒物的毒作用一般较常温高。有人研究了58种化学物在低温、室温和高温时对大鼠的毒性，发现在36℃高温，毒性最强。高温环境使毒物的挥发性增加，机体呼吸、心率加快，出汗增多等，均有利于毒物的吸收；体力劳动强度大时，毒物吸收较多，机体耗氧量也增多，对毒物的毒作用更为敏感。

4. 个体易感性

人体对毒物作用敏感性存在着较大的个体差异，即使在同一接触条件下，不同个体所出现的反应可相差很大。造成这种差异的个体因素很多，如年龄、性别、健康状况、生理状况、营养、内分泌功能、免疫状态及个体遗特征等。研究表明，产生毒物个体易感性差异的主要决定因素是遗传特征，例如葡萄糖-6-磷酸脱氢酶缺陷者，对血液毒物较为敏感，易发生溶血性贫血；在相同接触条件下，不同 ALAD 基因型者对铅毒作用的敏感性也有明显差异，携带铅易感基因（ALAD2）者较 ALAD1 者易致铅中毒。

四、毒物对人体的危害

有毒物质对人体的危害主要为引起中毒，中毒分为急性中毒、亚急性中毒和慢性中毒。毒物一次短时间内大量进入人体后可引起急性中毒；小量毒物长期进入人体所引起的中毒称为慢性中毒；介于两者之间者，称之为亚急性中毒。接触毒物不同，中毒后出现的病状也不一样，现按人体的系统或器官将毒物中毒后的主要病状分述如下。

1. 呼吸系统

在工业生产和生活中，呼吸道最易接触毒物，特别是刺激性毒物，一旦吸入，轻者引起呼吸道炎症，重者发生化学性肺炎或肺水肿。常见引起呼吸系统损害的毒物有氯气、氨、二氧化硫、光气、氮氧化物，以及某些酸类、酯类、磷化物等。

2. 神经系统

神经系统由中枢神经（包括脑和脊髓）和周围神经（由脑和脊髓发出，分布于全身皮肤、肌肉、内脏等处）组成，有毒物质可损害中枢神经和周围神经。主要侵犯神经系统的毒物称为亲神经性毒物，可引起神经衰弱综合征、周围神经病、中毒性脑病等。

3. 血液系统

在工业生产中，有许多毒物能引起血液系统损害。例如，苯、砷、铅等能引起贫血；苯、巯基乙酸等能引起粒细胞减少症；苯的氨基和硝基化合物（如苯胺、硝基苯）可引起高铁血红蛋白血症，患者突出的表现为皮肤、黏膜青紫；氧化砷可破坏红细胞，引起溶血；苯、三硝基甲苯、砷化合物、四氯化碳等可抑制造血机能，引起血液中红细胞、白细胞和血小板减少，发生再生障碍性贫血；苯可致白血症已得到公认，其发病率为14/10万。

4. 消化系统

有毒物质对消化系统的损害很大。例如，汞可致汞毒性口腔炎，氟可导致“氟斑牙”；汞、砷等毒物，经口侵入可引起出血性胃肠炎；铅中毒，可导致腹绞痛；黄磷、砷化合物、四氯化碳、苯胺等物质可致中毒性肝病。

5. 循环系统

毒物对循环系统的常见危害主要包括：有机溶剂中的苯、有机磷农药以及某些刺激性气体和窒息性气体对心肌的损害，其表现为心慌、胸闷、心前区不适、心率快等，急性中毒可出现的休克；长期接触一氧化碳可促进动脉粥样硬化等。

6. 泌尿系统

经肾随尿排出是有毒物质排出体外的最重要的途径，加之肾血流量丰富，易受损害，所以泌尿系统各部位都可能受到有毒物质损害，如慢性铍中毒常伴有尿路结石，杀虫脒中毒可出现出血性膀胱炎等，但常见的还是肾损害。不少生产性毒物对肾有毒性，尤以重金属和卤代烃最为突出。

7. 骨骼损害

长期接触氟可引起氟骨症。磷中毒可致下颌改变，首先表现为牙槽嵴的吸收，随着吸收量的加大，会发生感染，严重者发生下颌骨坏死。长期接触氯乙烯可致肢端溶骨症，即指骨末端发生骨缺损。镉中毒可发生骨软化。

8. 眼损害

生产性毒物引起的眼损害分为接触性眼损害和中毒性眼损害两类。前者是毒物直接作用于眼部所致；后者则是全身中毒在眼部的改变。接触性眼损害主要为酸、碱及其他腐蚀性毒物引起的眼灼伤。眼部的化学灼伤重者可造成终生失明，必须及时救治。引起中毒性眼病最典型的毒物为甲醇和三硝基甲苯。

9. 皮肤损害

职业性皮肤病是职业性疾病中最常见、发病率最高的职业性伤害，其中化学性因素引起者占多数。根据作用机制不同，引起皮肤损害的化学性物质分为：原发性刺激物、致敏物和光敏感物。常见原发性刺激物为酸类、碱类、金属盐、溶剂等；常见皮肤致敏物有金属盐类（如铬盐、镍盐）、合成树脂类、染料、橡胶添加剂等；常见皮肤光敏感物有沥青、焦油、吡啶、蒽、菲等。常见的疾病有接触性皮炎、油疹及氯痤疮、皮肤黑变病、皮肤溃疡、角化过度及皲裂等。

10. 化学灼伤

化学灼伤是化工生产中的常见急症，是化学物质对皮肤、黏膜刺激、腐蚀及化学反应热引起的急性损害。按临床分类有体表（皮肤）化学灼伤、呼吸道化学灼伤、消化道化学灼伤、眼化学灼伤。常见的致伤物有酸、碱、酚类、黄磷等。某些化学物质在致伤的同时可经皮肤、黏膜吸收引起中毒，如黄磷灼伤、酚灼伤、氯乙酸灼伤，甚至引起死亡。

11. 职业肿瘤

接触职业性致癌性因素而引起的肿瘤，称为职业性肿瘤。我国 1987 年颁布的职业病名单中规定，石棉所致肺癌、间皮瘤，联苯胺所致膀胱癌，苯所致白血病，氯甲醚所致肺癌，砷所致肺癌、皮癌，氯乙烯所致肝血管肉瘤，焦炉工人肺癌和铬酸盐制造工人肺癌为法定的职业性肿瘤。间皮瘤是指病变发生在间皮组织的肿瘤，分为胸膜间皮瘤和腹膜间皮瘤两种。胸膜间皮瘤是胸膜原发肿瘤，有局限型（多为良性）和弥漫型（都是恶性）之分，其中弥漫型恶性间皮瘤是胸部预后最坏的肿瘤之一。腹膜间皮瘤是指原发于腹膜间皮细胞的肿瘤，临床表现不具有特征性，常见的症状和体征有腹痛、腹水、腹胀及腹部包块等。

总之，机体与有毒化学物质之间的相互作用是一个复杂的过程，中毒后的表现千变万化，了解和掌握这些过程和表现，无疑将有助于我们对有毒化学物质中毒的了解和防治管理。

复习思考题

1. 什么是毒物？毒物是如何分类的？

2. 怎样判别毒物的毒性？毒性是如何分级的？
3. 什么是毒性作用（毒效应）？毒性作用有哪几类分类方法？
4. 毒物的毒性可以用毒性参数表示，常用的毒性参数有哪四种？
5. 中毒危险性指标有什么作用？中毒危险性指标有哪些？
6. 什么是 LD_{50}？
7. 工业性毒物进入人体的途径有哪些？
8. 毒物进入人体后的分布是怎样的？
9. 影响毒物对机体毒作用的因素有哪些？
10. 毒物对人体的危害有哪些？

第五章

化学毒物危害的识别与评估

在第四章中我们已经认识了化学毒物对人体的危害，而在化学物的生产、储存、运输和使用过程中，因工艺设备、防护措施和管理等原因，化学物中毒事故常有发生，不仅造成接触这些毒物的劳动者发生职业性中毒，有时突发的意外毒物泄漏也使周围民众受到健康威胁，甚至造成严重的环境污染。

化学物对人体健康的损害可分为两大类。第一类是短时间高浓度接触引起的急性中毒。这类事件主要是因为化学物突然大量泄漏，人员无相关防护，特别是运输中的化学物突发的泄漏，会造成很多无辜民众的伤亡。第二类是长时间低浓度接触引起的慢性健康损伤。这类事件主要是因工作中自我防护意识淡薄，相关安全知识不足，长时间无防护接触造成的。发生过应急响应人员因对现场化学物的危害认识不清造成伤害的案例，因此电力应急响应要规范响应前事故原因判定和现场风险识别，特别是存在危险化学品的事故现场。

化学毒物对人体的危害主要表现为中毒、局部刺激、腐蚀、致敏、致癌、致畸、致突变等。

第一节　化学毒物的识别

一、化学毒物的来源、存在形态与接触机会

（一）化学毒物的来源

化学毒物主要来源于原料、辅助料、中间产品（中间体）、成品、副产品、夹杂物或废弃物，有时也可来自热分解产物及反应产物，例如聚氯乙烯塑料加热至160～170℃时可分解产生氯化氢，磷化铝遇湿分解生成磷化氢等。同一毒物在不同行业或生产环节中来源的性质可以完全不同，最简单的一个示例就是一家工厂的原料是另外一家工厂的产品。

（二）工业毒物的存在形态

化学毒物以固态、液态、气态或气溶胶的形式存在于生产环境中。

1. 气态毒物

气态毒物是指常温、常压下呈气体扩散的物质，如氯气、一氧化碳、二氧化硫等。固体升华、液体蒸发或挥发可形成蒸气，如碘等可经升华呈气态，苯可经蒸发而呈气态。凡沸点低、蒸气压大的液体都易形成蒸气，对液体加温、搅拌、通气、超声处理、喷雾或增大其体表面积均可促进其蒸发或挥发。雾为悬浮于空气中的液体微滴，蒸气冷凝或液体喷洒可形成雾，如镀铬作业时可产生铬酸雾，喷漆作业时可产生漆雾等。

2. 烟尘

烟尘是指悬浮于空气中的烟状固体微粒，直径小于0.1μm，多为某些金属熔化时产生的蒸气在空中氧化凝聚所形成的毒物。金属熔融时产生的蒸气在空气中迅速冷凝、氧化可形成烟尘，如熔炼铅、铜时可产生铅烟尘、铜烟尘等；有机物加热时或燃烧时，也可形成烟尘。

3. 粉尘

粉尘是指能较长时间悬浮在空气中，其粒子直径为0.1～10μm的固体微粒。固体物质的机械加工、粉碎，粉状物质在混合、筛分、包装时均可引起粉尘飞扬。

4. 气溶胶

气溶胶是指悬浮在气体介质中的固态或液态颗粒所组成的气态分散系统。这些固态或液态颗粒的密度与气体介质的密度可以相差微小，也可以悬殊很大。花粉等植物气溶胶的粒径为 5～100μm，木材及烟草燃烧产生的气溶胶的粒径为 0.01～1000μm 等。气溶胶颗粒的形状多种多样，可以是近乎球形的，如液态雾珠，也可以是片状、针状及其他不规则形状。从流体力学角度看，气溶胶实质上是气态为连续相，固、液态为分散相的多相流体。天空中的云、雾、尘埃，工业上和运输业上用的锅炉和各种发动机里未燃尽的燃料所形成的烟，采矿过程、采石场采掘与石料加工过程和粮食加工过程所形成的固体粉尘，人造的掩蔽烟幕和毒烟等都是气溶胶的具体实例。

（三）化学毒物的接触机会

化学毒物主要经呼吸道进入人体，也可经皮肤和消化道进入人体。

接触化学毒物有两个环节，即产品的生产环节及其应用环节，涉及原料的开采与提炼，材料的加工、搬运、储藏，加料和出料，以及成品的处理、包装等。化学物反应、输送管道的渗漏，化学反应控制不当或加料失误而引起冒锅和冲料，储存气态化学物钢瓶的泄漏，作业人员进入反应釜出料和清釜，物料输送管道或出料口发生堵塞，废料的处理和回收，化学物的采样和分析，设备的保养、检修等作业，也有机会接触工业毒物。

有些作业虽未应用有毒物质，但在一定条件下也有机会接触到毒物，甚至引起中毒。例如，在有机物堆积且通风不良的场所（地窖、矿井下废巷、化粪池、腌菜池等）作业时，接触硫化氢而致急性中毒的事件常有报告；塑料加热可接触到热烈解产物。

熟悉生产性毒物的来源及其存在形态，对于了解毒物进入人体的途径、毒性作用的评价、空气样品的采集、分析方法选择以及制订相应的防护策略等均具有重要意义。

二、化学物主要危害后果

化学物种类繁多，危害因素各不相同，其危害后果千差万别，但其主要危害后果不外乎导致皮肤病、眼病、耳鼻喉疾病和肿瘤这四类。

（一）导致皮肤病

（1）导致皮肤病是化学物危害的最常见危害后果，其种类及其危害因素见表 5-1-1。

表 5-1-1　化学物导致皮肤病的种类及其危害因素

皮肤病种类	危害因素
接触性皮炎	硫酸、硝酸、盐酸、氢氧化钠、三氯乙烯、重铬酸盐、三氯甲烷、铬酸盐、乙醇、醚、甲醛、环氧树脂、尿醛树脂、松节油、苯胺、润滑油等
光敏性皮炎	焦油、沥青、醌、蒽醌、蒽油、荧光素、氯酚等
黑变病	焦油、沥青、汽油、润滑油、油彩等
痤疮	沥青、润滑油、柴油、煤油、多氯萘、聚氯乙烯等
溃疡	铬及其化合物、铬酸盐、铍及其化合物、砷化合物、氯化钠
化学性皮肤灼伤	硫酸、硝酸、盐酸、氢氧化钠
职业性角化过度、皲裂	螨（可能导致职业性痒疹）

(2) 有害物质化学性皮肤灼伤的局部特点及清洗剂、中和剂推荐类型见表 5-1-2。

表 5-1-2　有害物质化学性皮肤灼伤的局部特点及清洗剂、中和剂推荐类型

化学物质	局部特点	清洗剂（处理方法）	中和剂
常见酸			
硫酸	黑色或棕褐色干痂	水与肥皂	氢氧化镁或碳酸氢钠溶液
硝酸	黄色、褐色或黑色干痂		
盐酸	黄褐色或白色干痂		
三氯醋酸	灰色干痂		
氢氟酸	红斑伴中心坏死	水	皮下或动脉内注射10%葡萄糖酸钙
草酸	呈白色无痛性溃疡	水	10%葡萄糖酸钙
碳酸	白色或褐色干痂，无痛	水	10%乙烯酒精或甘油
铬酸	溃疡、水泡	水	亚硝酸钠
次氯酸	Ⅱ度烧伤	水	1%硫代硫酸钠
其他酸			
钨酸、苦味酸、鞣酸甲酚、甲酸	硬痂	水	油质覆盖
氢氰酸	斑丘疹、疱疹		0.1%过锰酸钾冲洗，5%硫化铵湿敷
常见碱			
氢氧化钾、氢氧化钠、氢氧化钙、氢氧化钡、氢氧化锂	大疱性红斑或粘湿焦痂	水	弱醋酸（0.5%～5%）柠檬汁等
氨水	大疱性红斑或粘湿焦痂	水	弱醋酸（0.5%～5%）柠檬汁等
生石灰	大疱性红斑或粘湿焦痂	先刷去石灰再用水	弱醋酸（0.5%～5%）柠檬汁等
烷基汞盐	红斑、水疱	水及去除水疱	无
金属钠	剧毒性深度烧伤	油质覆盖	无
对硝基氯苯	水疱、蓝绿色渗出物、化学结晶黏附	水	10%酒精、5%醋酸、1%亚甲蓝
糜烂性物质			
芥子气	剧痛性大疱	水、冲洗后开放水疱	二硫基丙醇（BAL）
催泪剂	红斑、溃疡	水	无
无机磷	红斑、Ⅲ度烧伤	水、冷水包裹	为了识别可用2%硫酸铀或3%硝酸银
环氧乙烷	大水疱	水	无

(二) 导致眼病

化学物导致的眼病是眼病中最难复明的，化学物导致眼病的种类和危害因素见表 5-1-3。

表 5-1-3 导致眼病的种类及其危害因素

眼病名称	导致该眼病的危害因素
化学性眼部灼伤	硫酸、硝酸、盐酸、氮氧化物、甲醛、酚、硫化氢
白内障	三硝基甲苯

（三）导致耳鼻喉疾病

化学物导致耳鼻喉疾病的种类和危害因素见表 5-1-4。

表 5-1-4 导致耳鼻喉疾病的种类及其危害因素

耳鼻喉疾病名称	导致该耳鼻喉疾病的危害因素
铬鼻病	铬及其化合物、铬酸盐
牙酸蚀病	氟化氰、硫酸酸雾、硝酸酸雾、盐酸酸雾

（四）导致肿瘤

化学物导致的疾病中最可怕的是肿瘤，化学物导致肿瘤的种类和危害因素见表 5-1-5。

表 5-1-5 导致肿瘤的种类及其危害因素

肿瘤名称	导致该肿瘤的危害因素
肺癌	铬酸盐、砷、氯甲醚、石棉
焦炉工人肺癌	焦炉烟气
肝血管肉瘤	氯乙烯
皮肤癌	砷
白血病	苯
膀胱癌	联苯胺
间皮瘤	石棉

三、化学事故现场的危害识别与评估

（一）化学事故现场的危害识别与评估的重要意义

无论何种化学事故现场，都可能会存在化学泄漏物或燃烧反应物，而这些物质会影响环境，危害人的健康及生命。这些物质的不同导致其危害也不同，应急人员在应对化学事故时，如何根据不同化学物质的理化特性和毒性，结合气象条件，迅速确定隔离与疏散距离是危险化学品事故应急响应中的一项重要任务。完成这一任务的首要环节是掌握现场化学物质识别与评估方法，只有识别和评估出现场环境中的危害物质及其在空气中的弥漫量，才可以选择更有针对性的防护和应对方案。

（二）化学毒物定性的识别方法

1. 化学物料安全清单（MSDS）/化学品安全技术说明书（SDS）

化学物料安全清单（MSDS）又称物料安全数据表，是为工作时与特定化学物质接触的工人及紧急情况负责人所设计的，引导人们适当地处理特定的化学物品，因此根据相关标准要求，化学物料安全清单内容会载有物品名称、该化学品泄漏的处置程序、应急人员所需佩戴的个人防护装备等。国家标准规定，在我国统一使用“化学品安全技术说明书(SDS)”这一名称术语。

2. 化学品安全标签

化学品安全标签是指危险化学品在市场上流通时由生产销售单位提供的附在化学品包装上的标签，是向作业人员传递安全信息的一种载体，它用简单、易于理解的文字和图形表述有关化学品的危险特性及其安全处置的注意事项，警示作业人员进行安全操作和处置。由生产企业在货物出厂前粘贴、挂拴、喷印在包装或容器的明显位置。

3. 储气瓶和工业管道颜色标志

储气瓶和工业管道颜色标志是一种便于现场安全识别的标识。《气瓶颜色标志》(GB/T 7144）规定了各种储气瓶的颜色标记。如溶解乙炔气瓶（以下简称乙炔气瓶）的表面颜色为白色，并在“制造钢印标志”一侧的瓶体上环向横写“乙炔”，轴向竖写“不可近火”。“乙炔”“不可近火”字样为红色，字样一律用仿宋体。对于公称容积 40L 的乙炔瓶，字体高度为 80～100mm。乙炔气瓶是装有专用瓶阀、配带专用瓶帽、带有安全装置（易熔合金塞)、内含填料、注有或待注丙酮的用以储运溶解乙炔气体的压力容器。目前，国内在用乙炔气瓶大多数是公称容积 40L 的，大于或小于 40L 的乙炔气瓶数量有限。我国和大多数其他国家一样，公称容积 40L 乙炔气瓶的瓶体，采用钢质焊接结构。由于小容积乙炔气瓶的需要日益迫切，因此允许采用无缝结构瓶体，也允许采用非钢材质制造瓶体。

《工业管道的基本识别色、识别符号和安全标识》(GB 7231）规定了工业管道的基本识别色、识别符号和安全标识，适用于工业生产中非地下埋没的气体和液体的输送管道(详见附录 3)。

识别色是指用以识别工业管道内物质种类的颜色，识别符号是指用以识别工业管道内的物质名称和状态的记号，危险标识是表示工业管道内的物质为危险化学品，消防标识是表示工业管道内的物质专用于灭火。根据管道内物质的一般性能，分为八类，并相应规定了八种基本识别色和相应的颜色标准编号及色样，见表 5-1-6。

表 5-1-6　　八种基本识别色和相应的颜色标准编号及色样

物质种类	基本识别色	色　样	颜色标准编号
水	艳绿		G03
水蒸气	大红		R03
空气	淡灰		B03
气体	中黄		Y07
酸或碱	紫		P02
可燃液体	棕		YR05
其他液体	黑		
氧	淡蓝		PB06

4. 询问企业工程技术人员或押运员

如果事故发生在企业，企业工程技术人员对工艺流程和使用物料、中间体、产品比较了解，应急人员可以找企业工程技术人员询问。若事故发生在运输过程，应急人员可以找押运员进行询问情况，押运人员对运输货物品名、性质和应急处理应比较清楚。

5. 横向和纵向联系

化学品事故应急救援由多部门、多业务救援队组成，如有应急人员对事故中的危险源不明确时，可以通过询问其他救援队获得。各救援队指挥部门和上一级指挥机构在事故状态联系比较紧密，在遇有不明物质事故时，也可通过指挥系统向上级指挥机构询问事故危险源。

6. 仪器检测

在化学事故灾害现场，可以利用侦检仪器来判定现场泄漏物性质，用于定性检测的仪器主要有红外分光光度计、气体检测管、检测试纸等。

7. 根据泄漏物颜色或特殊气味判定

不同的化学物其理化特性不同，应急时也可以根据这一特点进行初步判定，如氯气是黄绿色有刺激性气味气体，氨是无色有刺激性恶臭的气体，硫化氢是无色有臭鸡蛋气味的气体。

8. 人或动物中毒症状

人或动物中毒后表现出的症状也是判定中毒物质的一种方法，中毒后呼气、呕吐物及体表气味都可以初步判定中毒物。如有蒜臭味，多为有机磷农药，无机磷、砷、铊及其化合物；如有酒味，多为酒精、甲醇、异丙醇及其他醇类化合物；如有酚味，多为石炭酸（苯酚）、来苏尔（甲酚皂溶液）；如有醚味，多为乙醚及其他醚类；如有苦杏仁味，多为氰化物及含氰甙果核仁（如苦杏仁）等。

（三）化学毒物危害定量的评估方法

空气中毒物含量的测定可为应急救援决策和应急人员防护的选择提供科学的依据。面对化学品事故现场，不但要快速地识别泄漏物种类，也要快速地评估泄漏物扩散范围和空气中的含量浓度。

1. 用直读式检测仪测量

对现场有害物定性后，可选择相对应的直读式检测仪直接测量空气中的有害物含量，直读式检测仪包括可燃气检测仪、氧含量检测仪、氯气检测仪、氨气检测仪等。

2. 样本采集实验室分析

对于非单一性化学物，现场无法检定时，可以用采样袋或采样瓶收集现场泄漏物带回实验室分析，此方法比较精确但也比较耗时。

3. 检测管或检测试纸测量

选用针对性检测管或检测试纸，和事故现场泄漏物相接触，通过检测管内介质颜色变化度来确定介质含量。

4. 生物试验

如果应急现场确无检测器材，也可通过身边的生物来确定危害程度，如将兔、狗、鸡等生物放进泄漏区域后观察它们的行动情况和变化来判定大致危害性。

第二节　化学品安全标签

一、化学品安全标签的定义和分类

（一）定义

化学品安全标签是指危险化学品在市场上流通时应由生产单位提供的附在化学品包装上的安全标签。

《化学品安全标签编写规定》（GB 15258）明确指出，化学品安全标签主要是针对危险化学品而设计，向作业人员传递安全信息的一种载体，它用简单、明了、易于理解的文字、图形表述有关化学品的危险特性及其安全处置的注意事项，以警示作业人员进行安全操作和使用。

（二）分类

化学品安全标签可分为包装上化学品安全标签、作业场所化学品安全标签以及道路运输危险货物安全卡等。

1. 包装上化学品安全标签

包装上化学品安全标签应包括物质名称、编号、危险性标志、警示词、危险性概述、安全措施、灭火方法、生产厂家、地址、电话、应急咨询电话、提示参阅安全技术说明书等内容，包装上化学品安全标签样例如图 5－2－1 所示。

(a)通用样例

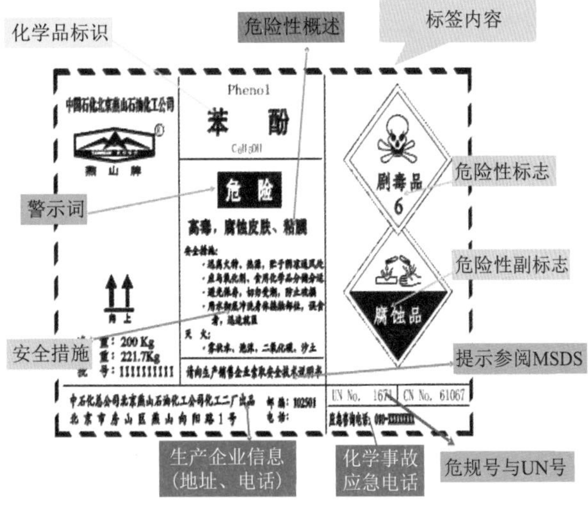

(b)苯酚样例

图 5－2－1　包装上化学品安全标签样例

对于小于或等于 100mL 的化学品小包装，为方便标签使用，安全标签要素可以简化，标签内容只保留化学品标识、象形图、信号词、危险性说明、应急咨询电话、供应商名称及联系电话、资料参阅提示语即可，简化标签样例如图 5－2－2 所示。

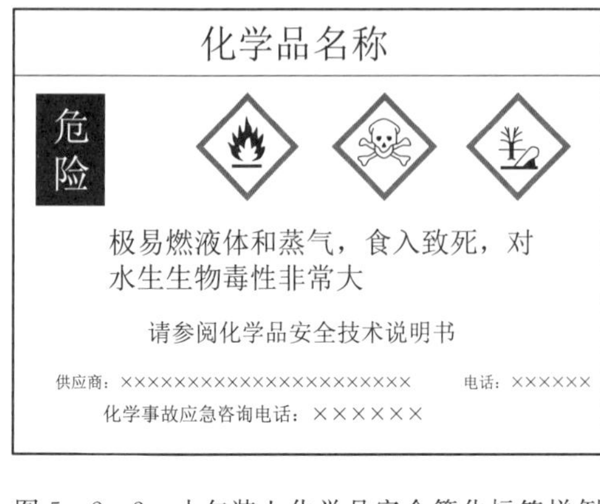

图 5-2-2 小包装上化学品安全简化标签样例

包装上化学品安全标签应粘贴、挂栓或喷印在化学品包装或容器的明显位置。当与运输标志组合使用时，运输标志可以放在安全标签的另一面，将之与其他信息分开，也可放在包装上靠近安全标签的位置，后一种情况下，若安全标签中的象形图与运输标志重复，安全标签中的象形图应删掉。对组合容器，要求内包装加贴（挂）安全标签，外包装上加贴运输象形图，如果不需要运输标志可以加贴安全标签。安全标签粘贴样例如图 5-2-3 所示。图 5-2-3（a）所示为单一容器安全标签粘贴样例；图 5-2-3（b）所示为组合容器安全标签粘贴样例，除每个容器上都应有安全标签外，组合容器的外包装上也应有安全标签。

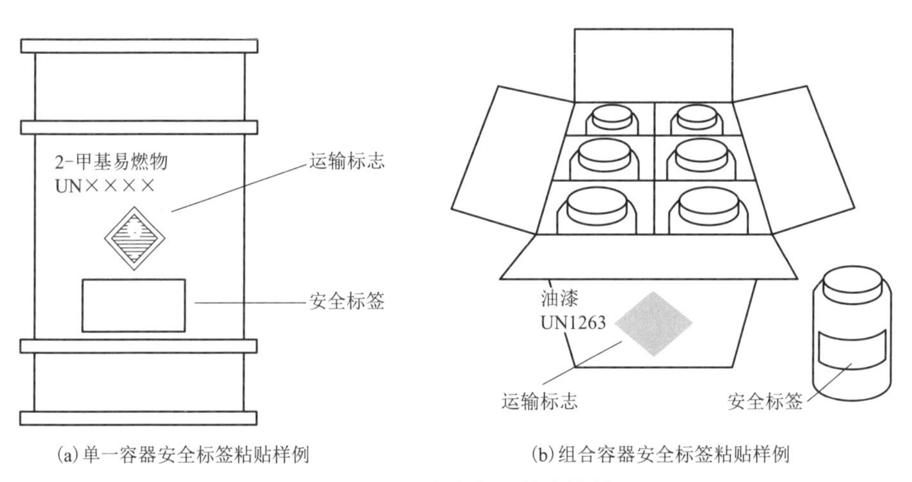

(a) 单一容器安全标签粘贴样例

(b) 组合容器安全标签粘贴样例

图 5-2-3 安全标签粘贴样例

2. 作业场所化学品安全标签

作业场所化学品安全标签主要是对化学品的生产、操作处置、运输、储存、排放、容器清洗等作业场所的化学危害进行分级，提出防护和应急处理信息，以标签的形式标示出来，警示作业人员、管理人员和应急救援人员作业时进行正确预防和防护，在紧急事态时，明了现场情况，正确地进行应急作业，以达到保障安全和健康的目的。

化学品作业场所安全警示标志以文字和图形符号组合的形式，表示化学品在工作场所所具的危险性和安全注意事项。标志要素包括化学品标识、理化特性、危险象形图、警示词、危险性说明、防范说明、防护用品说明、资料参阅提示语以及报警电话等。

作业场所化学品安全标签样例如图 5-2-4 所示。图 5-2-4（a）所示为现场有苯的安全标签样例；图 5-2-4（b）所示为现场有二氯乙烷的安全标签样例，该样例上有危险性的分级菱形颜色表示。

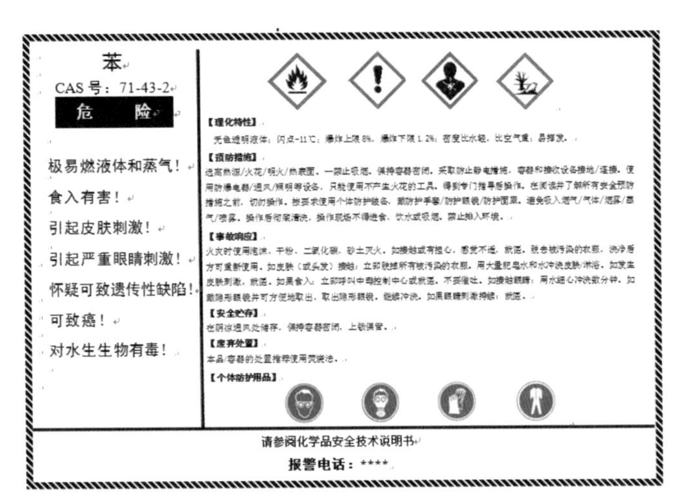

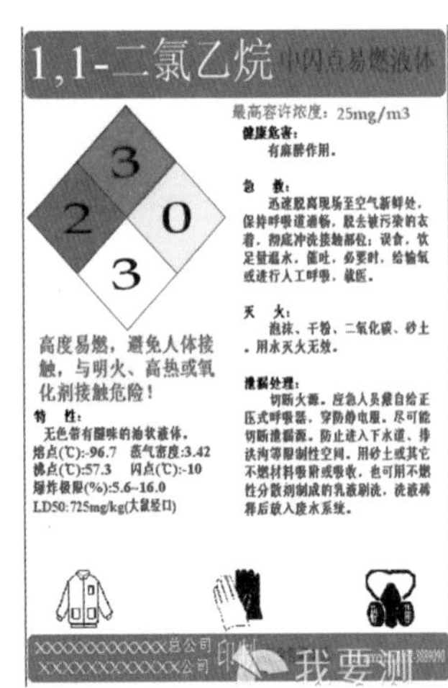

(a)现场有苯的安全标签样例

(b)现场有二氯乙烷的安全标签样例

图 5-2-4 作业场所化学品安全标签样例

3. 道路运输危险货物安全卡

道路运输危险货物安全卡可以为运输单位提供与运输安全性直接相关的信息。道路运输危险货物安全卡一般包括货物名称及其企业标识、主要理化特性、被运输物的危险特性、鉴定所依据的法律法规、紧急处置方法等内容。道路运输危险货物安全卡样例如图 5-2-5 所示。

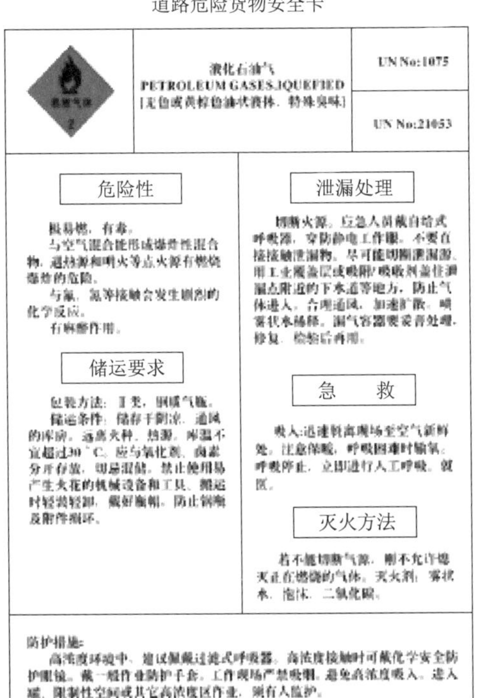

道路危险货物安全卡

液化石油气
PETROLEUM GASES,LIQUEFIED
[无色或黄棕色油状液体，特殊臭味]

UN No:1075

UN No:21053

危险性

极易燃，有毒。
与空气混合能形成爆炸性混合物，遇热源和明火等点火源有燃烧爆炸的危险。
与氟、氯等接触会发生剧烈的化学反应。
有麻醉作用。

储运要求

包装方法：Ⅱ类，钢瓶气瓶。
储运条件：储存于阴凉、通风的库房。远离火种、热源。库温不宜超过30 ℃。应与氧化剂、卤素分开存放，切忌混储。禁止使用易产生火花的机械设备和工具。搬运时轻装轻卸，戴好瓶帽，防止钢瓶及附件损坏。

泄漏处理

切断火源。应急人员戴自给式呼吸器，穿防静电工作服。不要直接接触泄漏物。尽可能切断泄漏源。用工业覆盖层或吸附/吸收剂盖住泄漏点附近的下水道等地方，防止气体进入。合理通风，加速扩散。喷雾状水稀释。漏气容器要妥善处理，修复、检验后再用。

急 救

吸入：迅速脱离现场至空气新鲜处。注意保暖，呼吸困难时输氧。呼吸停止，立即进行人工呼吸。就医。

灭火方法

若不能切断气源，则不允许熄灭正在燃烧的气体。灭火剂：雾状水、泡沫、二氧化碳。

防护措施：
高浓度环境中，建议佩戴过滤式呼吸器。高浓度接触时可戴化学安全防护眼镜。戴一般作业防护手套。工作现场严禁吸烟。避免高浓度吸入。进入罐、限制性空间或其它高浓度区作业，须有人监护。

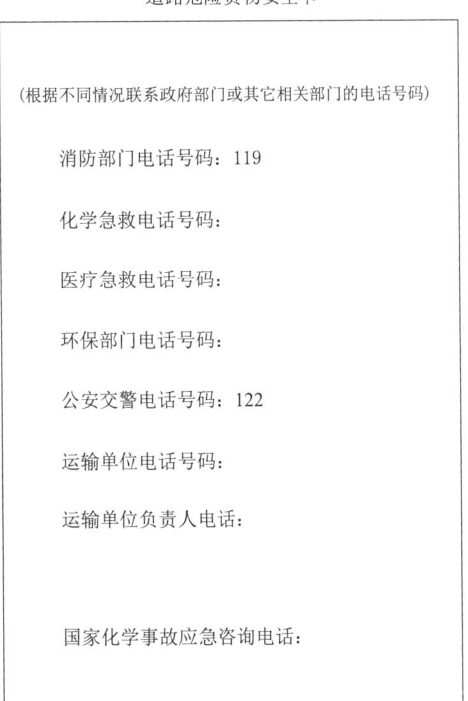

道路危险货物安全卡

(根据不同情况联系政府部门或其它相关部门的电话号码)

消防部门电话号码：119

化学急救电话号码：

医疗急救电话号码：

环保部门电话号码：

公安交警电话号码：122

运输单位电话号码：

运输单位负责人电话：

国家化学事故应急咨询电话：

图 5-2-5 道路运输危险货物安全卡样例

二、危险性和个体防护的表示

（一）表示方法

标签中用蓝色、红色、黄色和白色四个小菱形分别表示毒性、燃烧危险性、活性反应危害和个体防护，四个小菱形构成一个大菱形，如图 5-2-6 所示，其规定如下：

（1）左格蓝色，表示毒性。

（2）上格红色，表示燃烧危险性。

（3）右格黄色，表示反应活性。

（4）下格白色，表示个体防护。

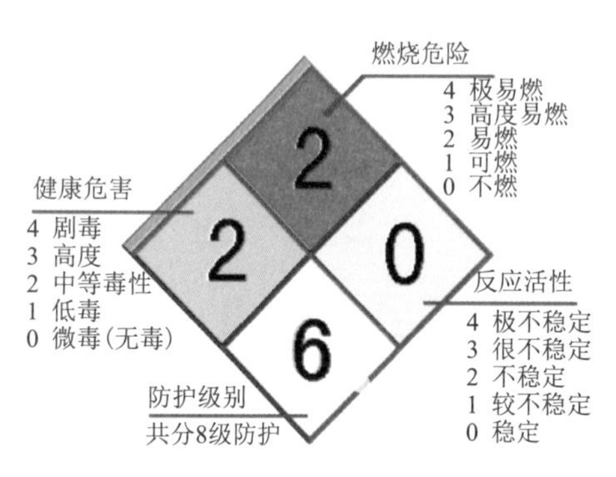

图 5-2-6 危险性分级菱形颜色表示方法

（二）危险性分级

毒性、燃烧危险性、活性反应危害分别为 0～4 五级，用 0、1、2、3、4 黑色数码表示，并填入各自对应的菱形图案中。数字越大，危险性越大。

（三）个体防护分级

根据作业场所的特点和化学品危险性大小，提出九种防护方案。分别用 1～9 九个黑色数码和 11 个示意图形表示，黑色数码填入白色菱形中，示意图置于标签的下方，数码越大，防护级别越高。

（四）危险性概述

简要概述燃爆、健康危害方面的信息。

（五）特性

主要指理化特性和燃爆特性，包括最高容许浓度、外观与性状、熔点、沸点、蒸气相对密度、闪点、引燃温度、爆炸极限等。

（六）健康危害

简要概述接触危险化学品后对人体产生的危害，包括中毒表现和体征等。

（七）应急急救信息

提供作业岗位主要危险化学品的皮肤接触、眼睛接触、吸入、误食的急救方法、应急咨询电话和消防、泄漏处理措施等方面的信息。

（八）运输象形图（标签）

对于运输，应使用规章范本规定的象形图（在运输条例中通常称为标签）。规章范本规定了运输象形图的具体规格，包括颜色、符号、尺寸背景对比度、补充安全信息（如危险种类）和一般格式等，如图 5-2-7 所示。

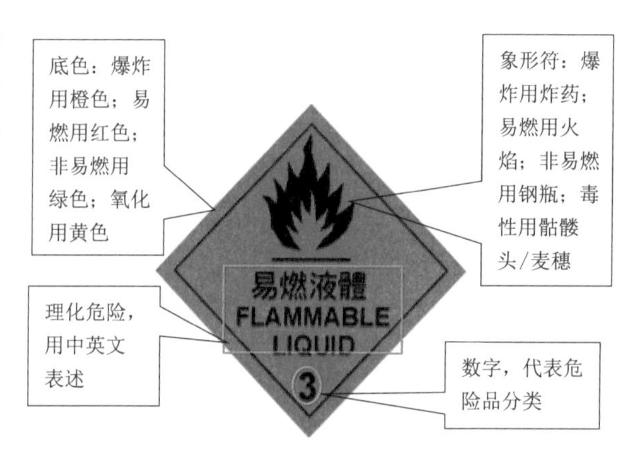

图 5-2-7 危险化学品运输象形图（标签）

第三节　化学品安全技术说明书

一、化学物料安全清单

1. 化学物料安全清单的作用

化学物料安全清单（Material Safety Data Sheet，MSDS）又称物料安全数据表，国际上称作化学品安全信息卡，是化学品生产商和经销商按法律要求必须提供的化学品理化特性（如 pH、闪点、易燃度、反应活性等）、毒性、环境危害以及对使用者健康（如致癌，致畸等）可能产生危害的一份综合性文件。它包括危险化学品的燃、爆性能，毒性和环境危害，以及安全使用、泄漏应急救护处置、主要理化参数、法律法规等方面的信息。

美国等发达国家对环境、职业健康的法律要求极为严格，在化学品的国际贸易中，供应商是必须要提供 MSDS 的，企业里都设有危险化学品管理部或职业健康及环境科学管理部，专门审核化学品供应商提供的 MSDS，符合条件的供应商才有资格和采购部门进行下一步的商务接触。

2. 编制化学物料安全清单的难点

（1）除化学品的理化特性外，化学品量化的毒理数据测试费用太高，数据获得成本太大，特别是化学品有的是复合品或掺有副产品，其对环境、生物、人类等毒理数据更为复杂，所以同一种化学品的 MSDS 不见得一样，但供应商提供的 MSDS 在企业使用中碰到对环境、健康等法律性的纠纷时，供应商如提供的 MSDS 不合格，必须要承担其相应的法律责任。

（2）编制的 MSDS 必须要按照买方所在国家和地区的有关危险化学品的法律法规的相关规定编制，然而各国，甚至一个国家各州有关化学品管理的法律法规通常也不一样，甚至这些法律法规每月都有变化，所以编制的 MSDS 必须符合当时买方所在国家或地区的法律法规要求。

3. 化学物料安全清单上的内容

化学物料安全清单，一般都包含下列内容。

（1）化学品及企业标识（chemical product and company identification），主要标明化学品名称、生产企业名称、地址、邮编、电话、应急电话、传真和电子邮件地址等信息。

（2）成分/组成信息（composition/information on ingredients），标明该化学品是纯化学品还是混合物。纯化学品，应给出其化学品名称或商品名和通用名。混合物，应给出危害性组分的浓度或浓度范围。无论是纯化学品还是混合物，如果其中包含有害性组分，则应给出化学文摘索引登记号（CAS 号）。

（3）危险性概述（hazards summarizing），简要概述本化学品最重要的危害和效应，主要包括危害类别、侵入途径、健康危害、环境危害、燃爆危险等信息。

（4）急救措施（first - aid measures），指作业人员意外地受到伤害时，所需采取的现场自救或互救的简要处理方法，包括眼睛接触、皮肤接触、吸入、食入的急救措施。

（5）消防措施（fire-fighting measures），主要表示化学品的物理和化学特殊危险性、适合灭火介质、不合适的灭火介质以及消防人员个体防护等方面的信息，包括危险特性、灭火介质和方法，灭火注意事项等。

（6）泄漏应急处理（accidental release measures），指化学品泄漏后现场可采用的简单有效的应急措施、注意事项和消除方法，包括应急行动、应急人员防护、环保措施、消除方法等内容。

（7）操作处置与储存（handling and storage），主要是指化学品操作处置和安全储存方面的信息资料，包括操作处置作业中的安全注意事项、安全储存条件和注意事项。

（8）接触控制/个体防护（exposure controls/personal protection），主要是指在生产、操作处置、搬运和使用化学品的作业过程中，为保护作业人员免受化学品危害而采取的防护方法和手段。包括最高容许浓度、工程控制、呼吸系统防护、眼睛防护、身体防护、手防护、其他防护要求。

（9）理化特性（physical and chemical properties），主要描述化学品的外观及理化性质等方面的信息，包括外观与性状、pH 值、沸点、熔点、相对密度（水＝1）、相对蒸气密度（空气＝1）、饱和蒸气压、燃烧热、临界温度、临界压力、辛醇/水分配系数、闪点、引燃温度、爆炸极限、溶解性、主要用途和其他一些特殊理化性质。

（10）稳定性和反应性（stability and reactivity），主要叙述化学品的稳定性和反应活性方面的信息，包括稳定性、禁配物、应避免接触的条件、聚合危害、分解产物。

（11）毒理学资料（toxicological information），提供化学品的毒理学信息，包括不同接触方式的急性毒性（LD_{50}、LD_{50}）、刺激性、致敏性、亚急性和慢性毒性，致突变性、致畸性、致癌性等。

（12）生态学资料（ecological information），主要陈述化学品的环境生态效应、行为和转归，包括生物效应（如 LD_{50}、LC_{50}）、生物降解性、生物富集、环境迁移及其他有害的环境影响等。

（13）废弃处置（disposal），是指对被化学品污染的包装和无使用价值的化学品的安全处理方法，包括废弃处置方法和注意事项。

（14）运输信息（transport information），主要是指国内、国际化学品包装、运输的要求及运输规定的分类和编号，包括危险货物编号、包装类别、包装标志、包装方法、UN 编号及运输注意事项等。

（15）法规信息（regulatory information），主要是化学品管理方面的法律条款和标准。

（16）其他信息（other information），主要提供其他对安全有重要意义的信息，包括参考文献、填表时间、填表部门、数据审核单位等。

二、化学品安全技术说明书

1. 化学品安全技术说明书的内容和项目顺序

国家标准《化学品安全技术说明书 内容和项目顺序》（GB/T 16483—2008）在引言中指出："化学品安全技术说明书（safety data sheet for chemical products，SDS），提供了化学品（物质或混合物）在安全、健康和环境保护等方面的信息，推荐了防护措施和紧急情况下的应对措施。在一些国家，化学品安全技术说明书又被称为物质安全技术说明书(Material Safety Data Sheet，MSDS)，但在本标准中统一使用化学品安全技术说明书(SDS)。”SDS是化学品的供应商向下游用户传递化学品基本危害信息（包括运输、操作处置、储存和应急行动信息）的一种载体。同时化学品安全技术说明书还可以向公共机构、服务机构和其他涉及该化学品的相关方传递这些信息。化学品安全技术说明书每5年更新1次。

《化学品安全技术说明书　内容和项目顺序》(GB/T 16483—2008）的主要内容如下：

（1）范围。

（2）术语和定义。

（3）概况。

（4）SDS的内容和通用形式。

（5）附录A（规范性附录）SDS编写导则。

2. 化学品安全技术说明书编写指南

国家标准《化学品安全技术说明书编写指南》(CSDS)（GB/T 17519—2013）的主要内容如下：

（1）范围。

（2）规范性引用文件。

（3）编写要点。

（4）格式。

（5）书写要求。

（6）计量单位。

（7）附录A（资料性附录）　化学品安全技术说明书样例。

（8）附录B（资料性附录）　化学品安全技术说明书编写参考数据源。

推荐的化学品安全技术说明书样例包含以下16个部分：

（1）第1部分 化学品及企业标识。

（2）第2部分 危险性概述。

（3）第3部分 成分/组成信息。

（4）第4部分 急救措施。

（5）第5部分 消防措施。

（6）第6部分 泄露应急处理。

（7）第7部分 操作处置与储存。

（8）第8部分 接触控制/个体防护。

（9）第9部分 理化特性。

（10）第10部分 稳定性和反应性。

（11）第11部分 毒理学信息。

（12）第12部分 生态学信息。

（13）第13部分 废弃处置。

（14）第14部分 运输信息。

（15）第 15 部分 法规信息。

（16）第 16 部分 其他信息。

第四节 石油化工行业化学性有害毒物介绍

一、石油炼制

1. 生产工艺步骤

原油经加工成为各种石油产品和化工原料的生产过程称为石油炼制（炼油）。石油炼制可分为初步加工（脱盐、脱水）、一次加工（常压和减压蒸馏）和二次加工（催化重整、催化裂化、糠醛精制、丙烷脱沥青、延迟焦化、加氢精制、白土精制等）三个步骤。

2. 主要的化学性有害因素

石油炼制生产中可存在种类繁多的化学性有害因素，包括烃类、硫化物、酮类、酚类、醚类、一氧化碳、氮氧化物、酸、碱及氨等。如遇有石油炼制业发生事故时应注意以上危害因素存在的同时，还应结合事发点的综合情况一并考虑。

二、化学工业

1. 行业特征

化学工业通过改变天然原材料的化学结构，生产出其他工业或日常生活所需的产品。矿物、金属和碳氢化合物等原材料经过一系列加工步骤产生所需的化学品，它们往往还需要进一步处理，例如通过混合、配料以转化成像油漆、黏合剂、医药品和化妆品等终产品。化工业产品种类繁多，生产工艺复杂多样。一般分为无机化工和有机化工两类，前者主要有酸、碱、盐、电化学等工业，后者主要有有机原料、农药、化肥、高分子合成（纤维、橡胶、塑料）、染料、涂料、医药、炸药、燃料及试剂等工业。

2. 化学工业的主要行业分类

（1）基本无机原料（供工业使用的酸、碱和盐以及工业气体，如氧气、氮气和乙炔）。

（2）基本有机原料（生产塑料、树脂、合成橡胶和合成纤维的原料，溶剂和洗涤剂的原料，染料和颜料）。

（3）化肥和农药（包括除草剂、杀菌剂和杀虫剂）。

（4）塑料、树脂、合成橡胶、纤维素和合成纤维。

（5）医药品（药品和药剂）。

（6）涂料、清漆和油漆。

（7）肥皂、洗涤剂、清洗剂、香水、化妆品和其他卫生用品。

（8）杂类化学品，如抛光剂、炸药、黏合剂、油墨、摄影胶片和其他化学品。

化工生产从原料到成品因各种产品不同各有其独特的生产工艺过程，但化工生产基本操作过程都包括原料的装运和储藏、原料的加工和配制、加料及化学反应和成品精制和包装等。

3. 行业主要有害因素

化学工业的生产性危害种类繁多，加上许多原料、中间产物及产品常具有易燃、易爆、易腐蚀的特征，生产条件又需要高温、高压等，故外伤和急性事故相对其他行业多发。在原料运输、加料、化学反应或成品精制包装过程中，由于容器的渗漏或破碎，反应管道的跑、冒、滴、漏，或操作失误等均可引起外伤、爆炸、火灾等事故。如酸、碱等腐蚀性物质引起的化学性烧伤；碘甲烷、苯胺、硫酸二甲酯泄漏、污染皮肤或吸入引起的急性中毒；农药厂反应釜爆炸、氯气储藏罐发生的泄漏，反应管道漏气引起的火灾等，都可造成工人外伤或急性中毒事故。

化工产业中的一些特殊物质，如苯、联苯胺、氯乙烯、多环芳烃类物质是确认的人类致癌物质，在橡胶、染料、塑料制造、石油炼制行业中均有可能存在，在事故应急时也应重点予以关注。

第五节 泄漏区域的划分和有关距离确定原则

一、泄漏区域的划分

（一）泄漏区域划分的目的

泄漏区域划分的目的是一旦事故发生后为了保护公众生命、财产安全，采取的应急措施。为了保护公众免受伤害，给出在事故源周围以及下风方向需要控制的距离和区域。应急人员掌握后在遇有化学事故现场时，可以根据自己掌握的内容第一时间判断自己所处事故现场区域，从而采取正确的措施保护自己和队友的生命安全。

（二）区域划分的方法

1. 初始隔离区

初始隔离区是指发生事故时公众生命可能受到威胁的区域，是以泄漏源为中心的一个圆周区域，如图 5-5-1 所示，圆周的半径即为初始隔离距离。在此区域非应急需要或无保护时应立即撤离。

2. 疏散区

疏散区如图 5-5-1 所示，是指下风向有害气体、蒸气、烟雾或粉尘可能影响的区域，是泄漏源下风方向的正方形区域，正方形的边长即为下风向疏散的距离。在此区域内如果不进行防护，则可能使人致残或产生严重的或不可逆的健康危害，事故发生时如处于此距离内，应尽快实施个人防护并迅速撤离此区域。

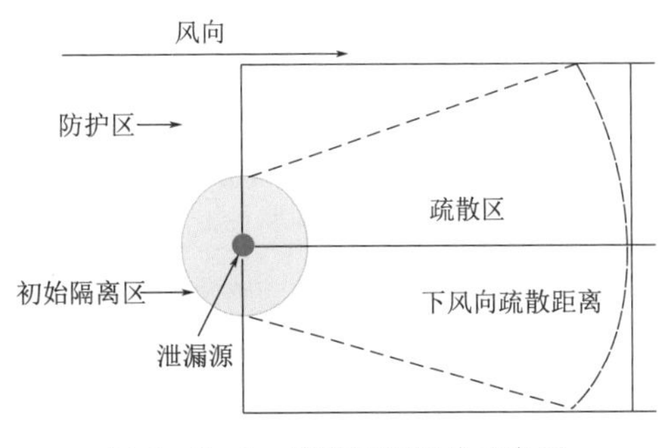

图 5-5-1 泄漏区域划分示意图

本书给出的初始隔离距离、下风向疏散距离（表 5-5-1）适用于泄漏后最初 30min 内或污染范围不明的情况，参考者应根据事故的具体情况（如泄漏量、气象条件、地理位置等）做出适当的调整。具备检测条件后，根据检测的有毒有害物质的实际浓度，调整隔离、疏散距离。

表 5-5-1　初始隔离和下风向疏散距离快速确认表

序号	物质类别	危险特性	初始隔离距离/m	下风向疏散距离/m	备注
1	气体	剧毒或强腐蚀性或强刺激性	500	1500	
		有毒或具有腐蚀性或具刺激性	200	1000	
		其他	100	800	
2	液体	易挥发、蒸气剧毒或有强腐蚀性或有强刺激性	300	1000	
		蒸气有毒或有腐蚀性或有刺激性	100	500	
		其他	50	300	
3	固体		25	100	

二、初始隔离距离和下风向疏散距离确定原则

初始隔离距离和下风向疏散距离主要依据化学品的吸入毒性危害确定。化学品的吸入毒性危害越大，其初始隔离距离和下风向疏散距离越大。影响吸入毒性危害大小的因素有化学品的状态、挥发性、毒性、腐蚀性、刺激性、遇水反应性（液体或固体泄漏到水体）等。确定原则如下：

（一）气体

1. 剧毒或强腐蚀性或强刺激性的气体

污染范围不明的情况下，初始隔离至少 500m，下风向疏散至少 1500m。然后进行气体浓度检测，根据有害气体的实际浓度，调整隔离、疏散距离。

2. 有毒或具有腐蚀性或具刺激性的气体

污染范围不明的情况下，初始隔离至少 200m，下风向疏散至少 1000m。然后进行气体浓度检测，根据有害气体的实际浓度，调整隔离、疏散距离。

3. 其他气体

污染范围不明的情况下，初始隔离距离至少 100m，下风向疏散至少 800m。然后进行气体浓度检测，根据有害气体的实际浓度，调整隔离、疏散距离。

（二）液体

1. 易挥发、蒸气剧毒或有强腐蚀性或有强刺激性的液体

污染范围不明的情况下，初始隔离至少 300m，下风向疏散至少 1000m。然后进行气体浓度检测，根据有害蒸气或烟雾的实际浓度，调整隔离、疏散距离。

2. 蒸气有毒或有腐蚀性或有刺激性的液体

污染范围不明的情况下，初始隔离距离至少 100m，下风向疏散至少 500m。然后进行气体浓度检测，根据有害蒸气或烟雾的实际浓度，调整隔离、疏散距离。

3. 其他液体

污染范围不明的情况下，初始隔离距离至少 50m，下风向疏散至少 300m。然后进行气体浓度检测，根据有害蒸气或烟雾的实际浓度，调整隔离、疏散距离。

（三）固体

污染范围不明的情况下，初始隔离距离至少 25m，下风向疏散至少 100m。

第六节　常见危险化学品介绍

一、硫化氢

1. 理化特性

硫化氢为无色气体，有特殊的臭味（臭蛋味）。溶于水，与碱发生放热中和反应。相对密度为 1.19，爆炸极限为 4.0%～46%。

2. 危险性

硫化氢属于 2.1 类的易燃气体。硫化氢极易燃，与空气混合能形成爆炸性混合物，遇明火、高热能引起燃烧爆炸。气体比空气重，能在较低处扩散到相当远的地方，遇火源会着火回燃。

3. 毒害性

硫化氢是一种神经毒剂，也是窒息性和刺激性气体。其毒作用的主要靶器官是中枢神经系统和呼吸系统。靶器官是某种毒物在体内呈现毒作用，并引起典型病变的主要部位，这一部位如为器官称作靶器官，如为组织则称作靶组织。例如四氯化碳慢性中毒主要损害肝脏，肝脏即为四氯化碳的靶器官。

硫化氢侵入人体的主要途径是吸入，经人体的黏膜吸收比皮肤吸收造成的中毒更快。硫化氢作用于血红蛋白，产生硫化血红蛋白而引起化学窒息，是主要的发病机理。

浓度高于 $1000mg/m^3$ 时，吸入可发生猝死。

职业接触限值 *MAC* 为 $10mg/m^3$，半数致死浓度 LC_{50} 为 444μL/L，立即危及生命或健康（IDLH）的浓度为 100μL/L。

硫化氢中毒效应见表 5-6-1。

表 5-6-1　硫化氢中毒效应表

硫化氢浓度/(mg/m^3)	接触时间/min	效　应
0.035（0.05μL/L）		嗅觉阈
0.4（0.6μL/L）		明显嗅出
4～7（5～10μL/L）		中等强度难闻臭味
30～40（43～57μL/L）		虽臭味强烈，仍能忍耐，这是可能引起局部刺激及全身性症状的阈浓度
70～150（100～200μL/L）	60～120	出现呼吸道及眼刺激症状（流泪、眼痛、畏光、视物模糊和流涕、咳嗽、咽喉灼热），吸 2～5min 后嗅觉疲劳，不再闻到臭气，变得麻木
300（450μL/L）	60	6～8min 出现眼急性刺激症状，稍长时间接触引起肺水肿
760（1000μL/L）	15～60	发生肺水肿、支气管炎、肺炎，出现头晕、头痛、恶心、呕吐、晕倒、乏力、意识模糊等症状

续表

硫化氢浓度/(mg/m^3)	接触时间/min	效　应
1000 (1500μL/L)	数秒	很快出现急性中毒，突然昏迷，导致呼吸、心跳骤停，发生闪电型死亡
1400 (2000μL/L)	立即	昏迷并呼吸麻痹而死亡，除非立即人工呼吸急救

注　硫化氢浓度一列括号中数据为另外一种单位的习惯表述。

4. 初始隔离和疏散距离

在硫化氢泄漏污染范围不明的情况下，初始隔离距离至少500m，下风向疏散距离至少1500m。然后根据检测实际浓度调整隔离、疏散距离。

二、氯气

1. 理化特性

常温常压下氯气为黄绿色有刺激性气味的气体。微溶于水，生成次氯酸和盐酸。气体相对密度为2.5。

2. 危险性

氯气属于2.3类的有毒气体。氯气不燃，可助燃。氯与绝大多数有机物均能发生激烈反应，与可燃气体形成爆炸性混合物，与CO在高温下反应生成光气。液氯与许多有机物(如烃、醇、醚等)、氢气等发生爆炸性反应。

3. 毒害性

氯气吸入后，主要作用于气管、支气管、细支气管和肺泡，导致相应的病变。吸入高浓度氯气，可引起喉头痉挛窒息而导致死亡；也可引起迷走神经反射性心跳骤停，出现“电击样”死亡。

液氯或高浓度氯气可引起皮肤暴露部位急性皮炎或灼伤。

职业接触限值 MAC 为 $1mg/m^3$，半数致死浓度 LC_{50} 为 $850mg/m^3$，立即危及生命或健康（IDLH）的浓度为10μL/L。

氯气中毒效应见表5-6-2。

表5-6-2　　氯气中毒效应表

氯气浓度/(μL/L)	效　应
0.2～3.5	闻到气味（可产生一定的耐受性）
1～3	轻微的刺激黏膜，可忍受1h
5～15	中度上呼吸道刺激
30	立即产生胸痛、呼吸困难、咳嗽、恶心呕吐
40～60	中毒性肺炎和肺水肿
430	30min以上死亡
1000	数分钟内死亡

4. 初始隔离和疏散距离

在氯气泄漏污染范围不明的情况下，初始隔离距离至少 500m，下风向疏散距离至少 1500m。然后根据检测实际浓度调整隔离、疏散距离。

三、氨

1. 理化特性

常温常压下氨为无色气体，有强烈的刺激性气味。极易溶于水，与酸发生放热中和反应。腐蚀钢、铜、铝、锡、锌及其合金。气体相对密度为 0.59。爆炸极限为 15.7%～27.4%。

2. 危险性

氨属于 2.3 类的有毒气体。氨易燃，能与空气形成爆炸性混合物，包装容器受热可发生爆炸。

3. 毒害性

氨为强烈的刺激性气体，对眼和呼吸道有强烈的刺激和腐蚀作用。高浓度氨可引起反射性呼吸和心搏停止。可致眼和皮肤灼伤。

职业接触限值 *TWA* 为 20mg/m^3，*STEL* 为 30mg/m^3；半数致死浓度 LC_{50} 为 1390mg/m^3；立即危及生命或健康（IDLH）的浓度为 300μL/L。

氨气中毒效应见表 5-6-3。

表 5-6-3　　氨气中毒效应表

氨气浓度/(mg/m^3)	接触时间/μL/L	危害程度	危害分级
0.7（1μL/L）		感觉到气味	对人体无危害
9.8（13μL/L）		无刺激作用	
67.2（95μL/L）	45	鼻、咽部位有刺激感，眼有灼痛感	
70（98μL/L）	30	呼吸变慢	轻微危害
140（197μL/L）	30	鼻和上呼吸道不适、恶心、头痛	
140～210（200～300μL/L）	20	身体有明显不适但尚能工作	中等危害
175～350（250～500μL/L）	20	鼻眼刺激、呼吸和脉搏加速	
553（780μL/L）	30	强刺激感，可耐受 1.25min	重度危害
700（980μL/L）	30	立即咳嗽	
1750～3500（2450～4930μL/L）	30	危及生命	
3501～7000（4930～9860μL/L）	30	即刻死亡	

注　氨气浓度一列括号中数据为另外一种单位的习惯表述。

4. 初始隔离和疏散距离

在氨泄漏污染范围不明的情况下，初始隔离距离至少 200m，下风向疏散距离至少 1000m。然后根据检测实际浓度调整隔离、疏散距离。

四、丙烯腈

1. 理化特性

丙烯腈为无色透明液体，有桃仁气味，微溶于水。液体相对密度为 0.81，蒸气相对密度为 1.83，爆炸极限为 2.8%～28%。

2. 危险性

丙烯腈属于 3.2 类的中闪点易燃液体，其蒸气与空气形成爆炸性混合物，遇明火、高热能引起燃烧爆炸。丙烯腈与氧化剂能发生强烈反应，强碱或酸能引发丙烯腈的剧烈聚合反应，受高热分解能生成剧毒的氰化氢气体。

3. 毒害性

丙烯腈为剧毒化学品，能抑制呼吸酶。急性中毒与氰氢酸中毒相似，有头痛、乏力、恶心、呕吐、眩晕、呼吸困难、多汗、腹泻症状，为可疑致癌物。

高浓度丙烯腈吸入可表现为极度呼吸困难、痉挛、意识丧失等。

职业接触限值 TWA 为 1mg/m³，$STEL$ 为 2mg/m³；半数致死浓度 LC_{50} 为 571mg/m³；半数致死剂量 LD_{50} 为 78mg/kg；立即危及生命或健康（IDLH）的浓度为 85μL/L。

丙烯腈中毒效应见表 5-6-4。

表 5-6-4　丙烯腈中毒效应表

丙烯腈浓度/(mg/m³)	接触时间/min	效　应
46.4（20μL/L）		嗅觉阈
35～220（25～150μL/L）	20～45	头部钝痛、胸闷、兴奋和恐惧感，皮肤发痒
300～500（200～350μL/L）	5～10	上呼吸道黏膜灼痛和流泪
1000（700μL/L）	60～120	致死

注　丙烯腈浓度一列括号中数据为另外一种单位的习惯表述。

4. 初始隔离和疏散距离

在丙烯腈泄漏污染范围不明的情况下，初始隔离距离至少 100m，下风向疏散距离至少 500m。然后，根据检测实际浓度调整隔离、疏散距离。

五、氰化氢

1. 理化特性

氰化氢为无色气体或透明液体，有苦杏仁气味，易挥发，与水混溶。蒸气相对密度为 0.93，液体相对密度为 0.69，爆炸极限为 5.4%～46.6%。

2. 危险性

氰化氢属于 2.3 类的剧毒气体，易燃，其蒸气与空气形成爆炸性混合物，遇明火、高热能引起燃烧爆炸，燃烧时产生含氮氧化物的有毒和刺激性气体。

3. 毒害性

高浓度吸入或大量口服后立即昏迷、呼吸停止，于数分钟内死亡（猝死）。非骤死者临床分为 4 期：前驱期有黏膜刺激、呼吸加快加深、乏力、头痛，口服有舌尖、口腔发麻等；呼吸困难期有呼吸困难、血压升高、皮肤黏膜呈鲜红色等；惊厥期出现抽搐、昏迷、呼吸衰竭；麻痹期全身肌肉松弛，呼吸、心跳停止而死亡。

皮肤或眼睛接触可引起灼伤也可吸收致中毒。

职业接触限值 MAC 为 1mg/m³，半数致死浓度 LC_{50} 为 142μL/L，半数致死剂量 LD_{50} 为 3.7mg/kg，立即危及生命或健康（IDLH）的浓度为 50μL/L。

氰化氢中毒效应见表5－6－5。

表5－6－5 氰化氢中毒效应表

氰化氢浓度/(mg/m^3)	效　应
5～20（4～18μL/L）	少数人感觉头痛、头晕
20～40（18～35μL/L）	几小时后出现头痛、恶心、呕吐、心悸
50～60（44～53μL/L）	能耐受30～60min，无立即死亡或后遗症
120～150（110～130μL/L）	有生命危险，一般在1h内死亡
150（130μL/L）	吸入30min，可致死
200（180μL/L）	吸入10min，可致死
300（260μL/L）	立即死亡
3600（3200μL/L）	使用防毒面具呼吸，在30min内无危险

注　氰化氢浓度一列括号中数据为另外一种单位的习惯表述。

4. 初始隔离、疏散距离

在氰化氢泄漏污染范围不明的情况下，初始隔离距离至少500m，下风向疏散距离至少1500m。然后根据检测实际浓度调整隔离、疏散距离。

六、苯

1. 理化特性

苯为无色有甜味的透明液体，具有强烈的芳香气味，难溶于水。蒸气相对密度为2.77，液体相对密度为0.88，爆炸极限为1.2%～8.0%。

2. 危险性

苯属于3.2类的中闪点易燃液体，其蒸气与空气形成爆炸性混合物，遇明火、高热能引起燃烧爆炸。与氧化剂能发生强烈反应。其蒸气比空气重，能在较低处扩散到相当远的地方，遇明火会引着回燃。

3. 毒害性

高浓度苯对神经系统有麻醉作用，引起急性中毒，长期接触高浓度苯对造血系统有损害，可引起慢性中毒。对皮肤、黏膜有刺激、致敏作用。可引起白血病，为致癌物。

可经皮肤吸收导致中毒。

职业接触限值 *TWA* 为 $6mg/m^3$，*STEL* 为 $10mg/m^3$；半数致死浓度 LC_{50} 为 $30900mg/m^3$（7h）；半数致死剂量 LD_{50} 为1800mg/kg；立即危及生命或健康（IDLH）的浓度为500μL/L。

4. 初始隔离和疏散距离

在苯泄漏污染范围不明的情况下，初始隔离距离至少50m，下风向疏散距离至少300m。然后根据检测实际浓度调整隔离、疏散距离。

七、液化石油气

1. 理化特性

常温下加压而液化的石油气，主要组分为丙烷、丙烯、丁烷、丁烯，并含有少量戊烷、戊烯和微量的硫化氢杂质，不溶于水。气体相对密度为1.5～2.0，爆炸极限为5%～33%。

2. 危险性

液化石油气属于2.1类的易燃气体，其蒸气与空气形成爆炸性混合物，遇明火、高热能引起燃烧爆炸。其蒸气比空气重，能在较低处扩散到相当远的地方，遇明火会引着回燃。

3. 毒害性

吸入有毒，有麻醉作用。泄漏时会吸收大量的热量造成低温，引起皮肤冻伤。

职业接触限值 TWA 为 1000mg/m^3，$STEL$ 为 1500mg/m^3；半数致死浓度 LC_{50} 为 658000mg/m^3（4h）；立即危及生命或健康（IDLH）的浓度为 2000μL/L。

4. 初始隔离、疏散距离

在液化石油气泄漏污染范围不明的情况下，初始隔离距离至少100m，下风向疏散距离至少800m。大量泄漏时初始隔离距离至少500m，下风向疏散距离至少1500m。然后根据检测实际浓度调整隔离、疏散距离。

复习思考题

1. 工业毒物的来源主要有哪些方面？
2. 工业毒物是以什么形态存在于生产场所的？
3. 人体与工业毒物的接触机会有哪些？
4. 最常见的化学物危害后果是什么？
5. 化学事故现场的危害识别与评估的重要意义是什么？
6. 什么是化学品安全说明书？一般都包括哪些内容？
7. 什么是化学品安全标签？有什么作用？
8. 包装上的化学品安全标签与作业场所的化学品安全标签有哪些异同？
9. 化学毒物危害定量的评估方法有哪些？
10. 危险性分级是怎样的？个体防护的分级是怎样的？
11. 石油炼制生产工艺步骤是怎样的？会产生哪些主要的化学性有害因素？
12. 化学工业的主要行业分类是怎样的？行业主要有害因素有哪些？
13. 泄漏区域划分的目的是什么？怎样恢复泄漏区域？
14. 初始隔离距离和下风向疏散距离的确定原则是什么？
15. 硫化氢的危险性和毒害性表现在哪些方面？初始隔离距离和下风向疏散距离是多少？
16. 氯气的危险性和毒害性表现在哪些方面？初始隔离距离和下风向疏散距离是多少？
17. 氨的危险性和毒害性表现在哪些方面？初始隔离距离和下风向疏散距离是多少？
18. 丙烯腈的危险性和毒害性表现在哪些方面？初始隔离距离和下风向疏散距离是多少？
19. 氰化氢的危险性和毒害性表现在哪些方面？初始隔离距离和下风向疏散距离是多少？
20. 苯的危险性和毒害性表现在哪些方面？初始隔离距离和下风向疏散距离是多少？
21. 液化石油气的危险性和毒害性表现在哪些方面？初始隔离距离和下风向疏散距离是多少？

第六章

个　体　防　护

第一节　概　　述

一、个体防护的定义和分类

1. 定义

个体防护是指为了保护突发公共卫生事件处置现场工作人员免受化学、生物与放射性污染危害而采取的一种辅助性措施，以预防救灾现场环境中有害物质对人体健康的危害。

《突发公共卫生事件应急条例》规定参加救援的工作人员要采取卫生防护措施，任何个人和组织都不能违反防护规律，擅自或强令他人（或机构）在没有适当防护的情况下进入现场工作。《突发公共卫生事件应急条例》是2003年5月9日以中华人民共和国国务院令（第376号）形式予以公布，自公布之日起施行。

2. 分类

个体防护可分为呼吸系统防护、眼睛防护、躯体防护、手足防护，而眼睛、躯体、手足防护又都可归入到皮肤防护。

二、个体防护装置

1. 定义

个体防护装置（Personal Protective Equipment，PPE）是指为了保护突发公共卫生事件处置现场工作人员免受化学、生物与放射性污染危害而设计的装备，包括防护服、防护眼面护具、防护手套和呼吸用品等，以预防现场环境中有害物质对人体健康的危害。

在救援中首先考虑的是个人防护，避免人身伤害事故，最大限度地控制有害物的泄漏量，远离有害环境。

2. 作用

个体防护装置的使用是在经过充分的风险评价，已经采取了其他控制方法后仍需要在有害环境下工作时的最后一道防线。

在使用个体防护装置时必须充分理解所选用的个体防护装置的性能和局限性。在没有防护的情况下，任何救援人员都不应暴露在能够或者可能危害健康的环境中。没有正确防护的救援工作只能加大事件的危害和处理的复杂性，会带来严重的后果。

第二节　皮　肤　防　护

一、皮肤防护用品的选配原则

皮肤防护用品是指用来防御有害物质损伤皮肤的个人防护用品。职业性皮肤病人数约占整个职业病人数的45%以上，而90%的职业性皮肤病是可以预防的。为了保护皮肤免受侵害，除可以采用防护面罩、防护工作服、防护手套、防护靴等防护用品外，还可以辅助使用护肤剂和洗涤剂。

供化学事故应急救援用的皮肤防护器材有靴套、手套、防护镜、头盔、围裙和隔绝式防护服等。根据救援场所化学事故的性质、特点、危害程度和救援人员所执行的任务区域，选择相适应的防护服，通常选配的原则如下：

（1）对一般化学品、粉尘等，可选用由防水布、帆布或涂层织物制成的防护服。

（2）对强酸、强碱类有毒化学品，可选用耐腐蚀织物制成的耐酸碱防护服。

（3）对各类有毒化学品，应选用橡胶材料制成的隔绝式防护服。

二、皮肤防护用品的种类与性能

皮肤防护用品的种类与性能见表6-2-1。

表6-2-1　皮肤防护用品的种类与性能

种类	用品性能
防化学品手套	具有防毒性能，防御有毒物质伤害手部
耐酸碱手套	用于接触酸、碱时戴用，也适用于农、林、牧、渔各行业一般操作时戴用
耐油手套	保护手部皮肤避免受油脂类物质的刺激
防化学品鞋（靴）	在有酸、碱及相关化学品作业中穿用，用各种材料或者复合型材料做成，保护脚或腿防止化学飞溅所带来的伤害
耐油鞋	防止油污污染，适合脚部接触油类的作业人员
耐酸碱鞋	用于涉及酸、碱的作业，防止酸、碱对足部造成伤害
化学品防护服	防止危险化学品的飞溅和与人体接触对人体造成危害
防酸碱服	用于从事酸、碱作业人员穿用，具有防酸、碱性能
防油服	防御油污污染
多功能防护服	同时具有多种防护功能的防护用品

三、化学品防护服

（一）化学品防护服分类

化学品防护服可以分为工业用化学品防护服、消防用化学品防护服、军用化学防护服及特殊人群化学防护服等几类。应急救援队伍多配备消防用化学品防护服，它是应急人员在有危险性化学物品和腐蚀性物质的火场和事故现场进行灭火战斗和抢险救援时，为保护自身免遭化学危险品或腐蚀性物质的侵害而穿着的防护服装。消防用化学品防护服通常分为轻型防化服、内置式重型防化服（可简称“重型防化服”）、防火防化服、防核防化服等，多数的化学品事故现场使用轻型防化服或重型防化服就能满足防护需要。

（二）选用化学品防护服注意事项

（1）必须选用符合国家标准，并具有产品合格证的防护服。

（2）使用防护服时应注意防护服的使用寿命，对于超出使用寿命的防护服应及时更新。

（3）根据事故现场有害因素进行选择，见表6-2-2。如存在液体喷溅时，选择轻型防化服；在有毒气体重度区域，选择重型防化服；在吸热型气体泄漏环境下，则需要加用防寒服。

表6-2-2　　化学品事故现场危害因素与个体防护服选择

序号	现场危害因素	作业区域	可以使用的防护用品	建议使用的防护用品
1	可燃气体、蒸气	轻度	防静电服、阻燃防护服、棉救援服	防静电服、阻燃服
		中度	化学品防护服、防静电服、棉质内衣	轻型防化服
2	有毒气体、蒸气	轻度	化学防护服	轻型防化服，配过滤式呼吸防护
		中度	化学防护服	轻型防化服，配隔绝式呼吸防护，重度区需重型防化服
3	腐蚀性物质		化学防护服	防酸碱服（重型防化服）

（三）轻型防护服

1. 轻型防化服的特点

轻型防化服又称为半封闭式防化服，如图6-2-1所示，主要用于防止液态化学品喷射污染和粉尘污染，不适合在气体泄漏及蒸气浓度过高区域使用。

轻型防化服一般由拉伸性极强的高强度聚乙烯或锦纶复合材料制成，厚度约为150μm，手部需另配备橡胶手套。

2. 轻型防化服的使用注意事项

（1）使用前应检查衣服体的完整性及与之配套装备的匹配性，在确认完好后方可使用。

（2）进入化学污染环境前，应穿戴好化学品防护服及配套防护用品；在污染环境中的作业人员，不得脱卸防护服及配套用品。

（3）化学品防护服被化学物质持续污染时，达到规定时间应及时更换。污染防护服应按相关要求焚毁处理。

3. 轻型防化服的穿着方法

（1）整理防化服，将胸前尼龙搭扣完全拉开，将防化服上体及裤腿向下卷，直到露出靴子口。

图6-2-1　轻型防化服示例

（2）将双脚穿进防化靴，上提裤腿并顺势将两只手伸进袖筒内，直身将防化服穿上。

（3）将防化服胸襟，对折两折（右手提中心点的上边缘，左手捏住左方一点折向右方）理平顺，将尼龙搭扣自下而上抚平粘好。

（4）系好腰带，将防化服帽暂时合在头上。

（5）将防化服帽掀开，佩戴好呼吸防护器材，用防化服帽压住头部呼吸防护器材。

（6）戴上防化服帽，系好颈带，戴上安全帽，最后戴上橡胶手套，并置于袖口外。

（7）举手示好。

卸防化服按相反顺序进行，但应注意使内面外翻，避免污染物对身体造成二次污染。

4. 轻型防化服穿着时的注意事项

（1）注意不得与火焰及熔化物直接接触。

（2）注意避开尖锐器物，防止受到机械损伤。

（3）使用时必须注意头罩与面具的紧密配合，颈扣带、胸部的大白扣必须扣紧，以保证颈部、胸部气密，腰带必须紧，以减少运动时的“风箱效应”。

5. 轻型防化服维护保养与储存

（1）每次使用后，根据脏污情况用肥皂水或0.5%～1%的碳酸钠水溶液洗涤，然后用清水冲洗，放在阴凉通风处，晾干后包装。

（2）存放时可以折叠成原始状态放入储存箱内存放，也可挂放于专门的器材柜内，但存放期间严禁受高热及阳光照射，不许接触活性化学物质及各类油类。

（3）使用过的和未使用的应分开储存，对使用过的应做好使用次数记录。

（四）重型防化服

1. 重型防化服的特点

内置式重型防化服简称重型防化服，如图6-2-2所示，是工作人员在有危险性化学物品或腐蚀性物品的现场作业时，为保护自身免遭化学危险品或腐蚀性物质的侵害而穿着的防护服，适用于经皮肤吸收有毒气体泄漏、液体蒸气浓度超标严重的场所及强腐蚀性喷溅场所。

图6-2-2 重型防化服示例

重型防化服主体胶布采用经阻燃增粘处理的锦丝绸布，双面涂覆阻燃防化面胶制成，主体胶布遇火只产生炭化，不熔滴，又能保持良好强度。主体胶布经贴合-缝制-贴条工艺制成，服装主体和手套，并配以阻燃、耐电压、抗穿刺靴或消防胶靴构成整套服装。

2. 重型防化服的使用注意事项

（1）使用前要确认重型防化服的完整性，服装体一旦出现破损将影响使用者的生命安全，发现服装体任何一点的破损都不能使用。

（2）确认超压排气阀可以正常开启，超压排气阀性能满足以下要求：气密性不大于15s，通气阻力为78～118Pa。

(3) 此类防化服必须与携气式呼吸防护器材配套使用。

3. 重型防化服的穿上方法（穿上时必须二人配合）

(1) 使用前检查。将防护服平放在干净地面上，将拉链完全拉开（用一只手拉拉链，另一只手保持拉链笔直），去除异物。目视检查衣服、软鞋和手套是否有破损或洞，单向排气阀是否灵敏，面具表面是否清洁。检查配套呼吸防护器材的气压及其完好性等。

(2) 穿着人弯腰将检查完的衣服从拉链开口处用双手将左裤腿卷起约20cm，脱下鞋子，将左脚穿进防护服的软鞋内，并穿上防护靴，同样穿上右脚。

(3) 助手协助穿着人背上空呼器，全面罩挂于胸前，紧急呼叫器置于右腰前，穿着人用双手拉起防护服至腰部，并扎上内置腰带，助手提起防护服的后背囊将气瓶全放置到背囊中。

(4) 打开气瓶，穿着人戴好全面罩，并调整到最舒服状态，戴上头盔。

(5) 穿着人左手撑起防护服的头顶部，右手放于胸前，助手从穿着人的右侧拉住防护服两侧的拉链经穿着人的头顶至穿着人的右侧，并使之全部置于防护服内。穿着人应同时将手臂滑入袖子和手套。

(6) 协助者从防护服外拉上拉链，盖紧尼龙搭扣。

(7) 举手示好。

4. 重型防化服的卸下方法（卸下时必须二人配合）

(1) 协助者迅速跑到穿着人的右侧，掀开尼龙搭扣，拉开拉链；同时穿着人应将手臂从袖子及手套中抽出，右手贴于胸前，左手将防护服头顶撑起。

(2) 协助者由拉链开口处从右向左掀离穿着人头部及气瓶，用手在一旁拖住防护服。

(3) 穿着人按程序卸下空气呼吸器及呼救器。

(4) 穿着人全部脱下防护服、靴，并平整放好。

5. 重型防化服穿着时的注意事项

(1) 注意避开高温和明火，内层穿棉质衬衣。

(2) 注意有破损或污染的服装不要使用，污染严重的要及时焚毁或掩埋。

(3) 注意着重型防化服时，不可单独作业。

(4) 注意外界环境温度在20℃或以上时，作业时间不要超过30min，否则可能致虚脱。

(5) 注意不要在污染区拉开拉链，脱卸时应注意向外翻，避免二次污染。

6. 内置式重型防化服的维护保养与储存

(1) 每次使用后，根据脏污情况用肥皂水或0.5%～1%的碳酸钠水溶液洗涤，然后用清水冲洗，放在阴凉通风处，晾干后包装。

(2) 存放时可以折叠成原始状态放入储存箱内存放，也可挂放于专门的器材柜内，但存放期间严禁受高热及阳光照射，不许接触活性化学物质及各类油类。

(3) 长期存放密封拉链宜用石蜡保养。

四、防护手套

(一) 防护手套的作用

手是完成工作的人体技能部位，在作业过程中接触到腐蚀性和毒害性的化学物质，可能会对手部造成伤害，也可能会通过手部皮肤造成全身性伤害。为防止作业人员的手部伤害，作业过程中应佩戴合格有效的手部防护用品。用于化学物防护的手套有耐酸碱手套、橡胶耐油手套、防毒手套等。

（二）防护手套使用、保养注意事项

（1）根据作业环境需要选择合适的防护手套，并定期更换。

（2）使用前进行检查，看有无破损、是否被磨蚀。防化手套可以使用充气法进行检查，即向手套内充气，用手捏紧套口，用力压手套，观察是否漏气，若漏气则不能使用。

（3）摘取手套一定要注意方法，防止将手套上沾染的有害物质接触到皮肤和衣服上，造成二次污染。

（4）橡胶、塑料等防护手套用后应清洗干净、晾干，保存时避免高温，并在手套上撒上滑石粉以防粘连。

（5）橡胶类手套要注意避光保存，且不得有高热、灰尘、油等橡胶类禁忌物同存放。

第三节 呼 吸 防 护

一、呼吸防护用品的分类

呼吸防护的目的是为了防止因环境缺氧或有毒而导致生命伤害的发生，是防止职业危害的最后一道屏障，是应急救援现场防止救援人员罹患疾病，保障救援人员生命的首要措施。正确的选择与使用呼吸防护用品是防止职业病和恶性安全事故的重要保障。

呼吸防护方法有净化法和供气法。

根据呼吸防护方法，呼吸防护用品可分为两类，见表 6-3-1。一类是过滤式呼吸防护器材，它通过将空气吸入过滤装置，去除污染而使空气净化；另一类是隔绝式呼吸防护器材，又称为供气式呼吸防护器材，它是从一个未经污染的外部气源，向佩戴者提供洁净的空气。

表 6-3-1 呼吸防护用品分类

<table>
<tr><th colspan="3">过滤式呼吸器</th><th colspan="4">隔绝式呼吸器</th></tr>
<tr><td colspan="2">自吸过滤式</td><td rowspan="2">送风过滤式</td><td colspan="2">供气式</td><td colspan="2">携气式</td></tr>
<tr><td>半面罩</td><td>全面罩</td><td>正压式</td><td>负压式</td><td>正压式</td><td>负压式</td></tr>
</table>

如果泄漏的有毒化学品的性质不明、浓度不清或确切的污染程度未查明时，必须使用隔绝式呼吸防护器材。此时使用任何过滤式呼吸器都是很危险的，在充分掌握现场实际的情况下方可降低防护等级。

（一）过滤式呼吸防护器材

过滤式呼吸防护器材是呼吸防护器材中最为常见的一种，是依靠过滤元件将空气污染物过滤掉后用于呼吸的呼吸器，使佩戴者的呼吸器官与周围大气隔离，由肺部控制或借助机械力通过导气管引入清洁空气供人体呼吸。例如，口罩可以盖住鼻子和嘴，就是由可以

去除污染的过滤材料制成的。过滤式防毒器材主要由口鼻罩或面罩主体和滤毒元件两部分组成，有些还在过滤元件与面罩之间加呼吸管连接。过滤元件的作用是过滤空气中的污染物，如果选择不当，呼吸器就不能起作用。面罩起到密封并隔绝外部空气和保护口鼻面部的作用。通常分半面罩和全面罩两种，半面罩可以罩住口、鼻部分，有的也包括下巴；全面罩可罩住整个面部区域，包括眼睛。过滤元件内部填充以活性炭为主要成分的滤毒材料，由于活性炭里有许多形状不同的和大小不一的孔隙，可以吸附粉尘，并在活性炭的孔隙表面，浸渍了铜、银、铬金属氧化物等化学药剂，以达到吸附毒气后与其反应，使毒气丧失毒性的作用。

过滤式呼吸器不能产生氧气，因此不能在缺氧环境中使用。此外，过滤元件的容量有限，防毒滤料的防护时间也有限，会随有害物浓度升高而缩短，防尘滤料会因粉尘的累积而增加阻力，因此需要定期更换。

过滤式呼吸防护器材可以分为 5 类，见表 6－3－2。

表 6－3－2　过滤式呼吸防护器材分类及功能

分　类	功　能
口罩	可以盖住鼻子和嘴，用可以去除污染的过滤材料制成
半面罩	覆盖鼻子和嘴部的面罩，用橡皮或塑料制成，带有一个或更多的可拆卸的过滤盒
全面罩	覆盖眼、鼻子及嘴部，有可拆卸的过滤罐
动力送风式呼吸器	用泵将空气送进过滤器，在呼吸保护器内形成微正压，防止污泥物从缝隙中进入面罩内
动力头盔式呼吸器	包括了过滤器及装在头盔上的风扇，净化的空气吹进到头盔之内供呼吸使用

（二）隔绝式呼吸防护器材

隔绝式呼吸器是将佩戴者的呼吸器官完全与污染环境隔绝，呼吸的气体来自污染环境之外。其中长管呼吸器是依靠一根长长的空气导管，将污染环境以外的洁净空气输送给佩戴者呼吸。

隔绝式呼吸防护器材是呼吸防护中防护等级最高的呼吸防护设备，被广泛应用于石油化工、电子、海运、矿业、市政及消防等存在有毒气体或缺氧的危险场合。隔绝式呼吸防护器材主要包括自给式呼吸器和长管呼吸器两大类。自给式呼吸器是指使用者自己携带气源的呼吸防护设备，包括自给开路式压缩空气呼吸器（简称空气呼吸器）、隔绝式氧气呼吸器。长管呼吸器是指呼吸气源不是使用者自己携带的呼吸防护设备，分为自吸式呼吸器、连续送风式呼吸器及高压送风式呼吸器 3 种。

二、呼吸防护用品主要类型和选用原则

（一）呼吸防护用品的主要类型

呼吸防护用品的主要类型如图 6－3－1 所示。

（二）呼吸防护用品选用的一般原则

（1）应牢记在没有防护的情况下，任何人不应暴露在能够或可能危害健康的空气环境中。

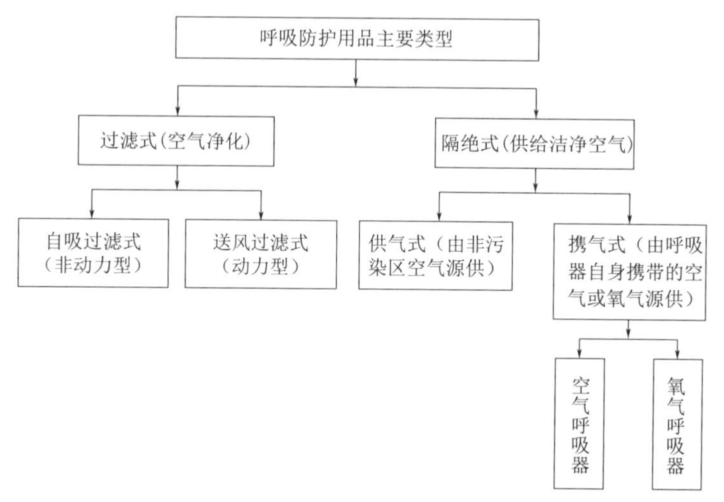

图 6-3-1 呼吸防护用品的主要类型

（2）应根据国家的有关职业卫生标准对作业中的空气环境进行评价，识别有害环境性质，判定危害程度。

（3）应首先考虑采取工程措施控制环境中有害物质浓度。若工程措施因各种原因无法实施，或无法完全消除环境中的有害物质，以及在工程措施未生效期间，仍需在有害环境中作业的，应根据作业环境、作业状况和作业人员特点选择适合的呼吸防护用品。

（4）应选择国家认可的、符合标准要求的呼吸防护用品。

（5）选择呼吸防护用品时也应参照使用说明书的技术规定，符合其适用条件。

（6）若需要使用呼吸防护用品预防有害环境的危害，单位应建立并实施规范的呼吸保护计划。

（三）根据有害环境选择呼吸防护用品的原则

1. *识别有害环境性质和判定危害程度*

按照先识别、后判定的原则进行，按照有害环境性质和危害程度判定表（表 6-3-3）进行判定。

表 6-3-3　有害环境性质和危害程度判定表

序号	有害环境性质	危害程度判定	下步评估
1	是否能够识别有害物	不能，为 IDLH 环境	
2	是否缺氧及氧浓度值	缺氧或无法确定，为 IDLH 环境	
3	是否存在污染物及浓度	污染物未知、达到或超过 IDLH 浓度，为 IDLH 环境	
4	污染物存在形态，是颗粒物、气体或蒸气，或是它们的组合	未超过 IDLH 浓度，进入下步评估	根据国家有关职业卫生标准规定的浓度，计算危害因数；若同时存在几种空气污染物，应分别计算每种空气污染物的危害因数，取其中最大的数值作为危害因数

2. 根据危害程度选择呼吸防护用品

（1）在 IDLH 环境下适用的防护用品，一是配置全面罩的正压式携气呼吸器；二是在配备适合的辅助逃生型呼吸器的前提下，配全面罩或送气头罩的正压供气式呼吸器。

（2）非 IDLH 环境下，应选择指定防护因数（*APF*）大于危害因数的呼吸防护装备。各类呼吸防护用品的防护能力不同，其相应的指定防护因数（*APF*）也不同，见表 6-3-4。指定防护因数是一种或一类适宜功能的（指符合产品标准）呼吸防护用品在适合使用者佩戴（指面罩与使用者脸型适配）且正确使用的前提下，预期能将空气污染物浓度降低的倍数。

表 6-3-4　　各类呼吸防护用品的指定防护因数

呼吸防护用品类型	面罩类型	正压式	负压式
自吸过滤式	半面罩	不适用	10
	全面罩		100
送风过滤式	半面罩	50	不适用
	全面罩	>200 且<1000	
	开放型面罩	25	
	送气头罩	>200 且<1000	
长管呼吸器	半面罩	50	10
	全面罩	1000	100
	开放型面罩	25	不适用
	送气头罩	1000	
携气式	半面罩	>1000	10
	全面罩		100

需要注意的是，无论是过滤式还是隔绝式半面罩，负压式呼吸器的指定防护因数相同，如防尘口罩、可更换半面罩和自吸式半面罩长管呼吸器的指定防护因数都是 10；自吸过滤式防毒全面罩或自吸长管全面罩呼吸器的指定防护因数都为 100；正压携气式全面罩呼吸器的指定防护因数最高，其防护能力最强。

考虑到事故应急所面临的事故环境，如现场浓度波动不大，检测准确性较高，可以根据检测情况配备相适应的呼吸器；如果现场浓度波动较大，检测准确性较低，须考虑配备正压携气式全面罩呼吸器，一些特殊场所需另配有应急逃生用呼吸器。

（四）根据空气污染物种类选择呼吸防护用品的原则

（1）对于有毒气体和蒸气环境下的防护，宜优先选用隔绝式呼吸防护用品。若选择过滤式呼吸防护用品，应注意以下两种情况：一是应选择与现场有毒气体或蒸气种类相适用的过滤元件；二是对于没有警示性或警示性很差的有毒气体或蒸气，应优先选择有失效指示器的呼吸防护用品或隔绝式呼吸防护用品。

（2）对于颗粒物的防护宜选择隔绝式呼吸防护用品。若选择过滤式呼吸防护用品，应注意以下几种情况：一是防尘类口罩不适合挥发性颗粒物的防护；二是选择与颗粒物的分散度相适应的防尘口罩；三是若颗粒物为液态或具有油性，应有相适应的过滤元件配备；四是颗粒物具有放射性时，应选择过滤效率为最高等级的防尘口罩。

(3) 对于颗粒物、有毒气体或蒸气同时存在，宜选择隔绝式呼吸防护用品。若选择过滤式呼吸防护用品，应选择有效过滤元件或过滤零件组合。

根据有害环境选择呼吸防护用品可以参见表6-3-5。

(五) 根据作业状况选择呼吸防护用品的原则

在符合有害环境选择的前提下，还应考虑作业状况的不同特点。

(1) 若污染物同时刺激眼睛、皮肤，或可经皮肤吸收，或对皮肤有腐蚀性，应选择全面罩，同时选择的呼吸防护用品应与其他个人防护用品相兼容。

(2) 若有害环境为爆炸性环境，选择的呼吸防护用品应符合相应的防爆要求。若选择携气式呼吸器，只能选择空气呼吸器，不允许选择氧气呼吸器。

(3) 作业环境存在高温、低温或高湿，或存在有机溶剂或其他腐蚀性物质时，应选择耐高温、耐低温或耐腐蚀的呼吸防护用品，或选择能够调节温度、湿度的供气式呼吸器。

(4) 选择供气式呼吸器时，应注意作业地点与气源间的距离、供气导管对现场其他作业人员的妨碍、供气导管被切断或损坏等问题，并采取相应的预防措施。

(5) 若作业中存在可以预见的紧急危险情况，应根据危险的性质选择适用的逃生型呼吸器，或选择适用于IDLH环境的呼吸防护用品。

(6) 若作业中有视觉或语言交流需要，应选择有相应功能的呼吸防护用品，若作业强度较大或作业时间较长，应选择呼吸负荷较低的呼吸防护用品。

(六) 根据作业人员特点选择呼吸防护用品的原则

(1) 使用者头面部特征。密合型面罩（半面罩和全面罩）有弹性密封设计，靠施加一定压力使面罩与使用者面部密合，确保将内外空气隔离。在选择面罩时，应根据脸型大小选择不同型号面罩。同时，应考虑使用者的面部特征，若有疤痕、凹陷的太阳穴、非常突出的颧骨、皮肤褶皱、鼻畸形等影响面部与面罩之间的密合时，应选择与面部特征无关的面罩，如头罩。此外，胡须或过长的头发会影响面罩与面部之间的密合性，使用者应预先刮净胡须，避免将头发夹在面罩与面部皮肤之间。

(2) 使用的舒适性。评价作业环境，若作业人员将承受物理因素（如高温）的不良影响，选择能够减轻这种不良影响、佩戴舒适的呼吸防护用品，如选择有降温功能的供气式呼吸防护用品。

(3) 视力矫正眼镜不应影响呼吸防护用品与面部的密合性。若呼吸防护用品提供使用矫正镜片的结构部件，应选用适合的视力矫正镜片，并按照使用说明书要求操作使用。

(4) 对有心肺系统病史、对狭小空间或呼吸负荷存在严重心理应激反应的人员，应考虑其使用呼吸防护用品的能力。

三、呼吸防护用品的使用

(一) 呼吸防护用品使用的一般原则

(1) 任何呼吸防护用品的防护功能都是有限的，使用前应了解所用呼吸防护用品的局限性，并仔细阅读产品使用说明书，严格按要求使用。

表 6-3-5　根据有害环境选择呼吸防护用品

有害环境			适用的呼吸防护用品种类																					
			隔绝式									过滤式												
			携气式				供气式					送风过滤式									自吸过滤式					
			正压式		负压式		正压式			负压式		防毒			防尘			防尘防毒			防毒		防尘		防尘防毒	
			H	F	H	F	H	T	L	H	F	H	T	L	H	T	L	H	T	L	H	F	H	F	H	F
氧气浓度未知				√																						
氧浓度<18%				√																						
空气污染物和浓度未知				√																						
不缺氧且空气污染物浓度已知	IDLH 环境			√																						
不缺氧且空气污染物浓度已知	空气污染物为有毒气体和蒸气	危害因数 <10	√	√	√	√	√	√	√	√	√	√	√	√				√	√	√	√	√			√	√
		<25	√	√		√	√	√	√		√	√	√	√				√	√	√		√				√
		<50	√	√		√	√	√			√	√	√					√	√			√				√
		<100	√	√		√		√			√		√						√			√				√
		<1000	√	√				√					√						√							
		>1000	√	√																						
	空气污染物为颗粒物	<10	√	√	√	√	√	√	√	√	√	√	√	√				√	√	√	√	√			√	√
		<25	√	√		√	√	√	√		√				√	√	√	√	√	√				√		√
		<50	√	√		√	√	√			√				√	√		√	√					√		√
		<100	√	√		√		√			√					√			√					√		√
		<1000	√	√				√								√			√							
		>1000	√	√																						
	空气污染物为有毒气体、蒸气和颗粒物	<10	√	√	√	√	√	√	√	√	√							√	√	√					√	√
		<25	√	√		√	√	√	√		√							√	√	√						√
		<50	√	√		√	√	√			√							√	√							√
		<100	√	√		√		√			√								√							√
		<1000	√	√				√											√							
		>1000	√	√																						

注　1. √表示允许选用。
2. H 表示半面罩；F 表示全面罩；T 表示全面罩和送气头罩；L 表示开放型面罩。

（2）应向所有使用人员提供呼吸防护用品使用方法培训。对作业场所内必须配备逃生型呼吸器的有关人员，应接受逃生型呼吸器使用方法培训。携气式呼吸器应限于受过专门培训的人员使用。

（3）使用前应检查呼吸防护用品的完整性、过滤元件的适用性、气瓶气量，提供动力的电源电量等，符合有关规定才能使用。

（4）进入有害环境前，应先佩戴好呼吸防护用品。供气式呼吸器应先通气后佩戴面罩，防止窒息。对于密合型面罩应做佩戴气密性检查，以确认密合。橡胶面罩负压气密性的检查方法如下：使用者用手将过滤元件进气口堵住，或将进气管弯折阻断气流；缓缓吸气，面罩会向内微微塌陷，面罩边缘紧贴面部，屏住呼吸数秒，若面罩继续保持塌陷状态，说明密合良好，否则应调整面罩位置和头带松紧等，直到没有泄漏感。

（5）在有害环境作业的人员应始终佩戴呼吸防护用品。

（6）逃生型呼吸器只能用于从危险环境中离开，不允许单独使用其进入有害环境。

（7）当使用中出现感到异味、咳嗽、刺激、恶心等不适症状时，应立即离开有害环境，并检查呼吸防护用品，确定并排除故障后方可重新进入有害环境；若无故障存在，应更换失效的过滤元件。若同时使用数个过滤元件，如双滤盒，应同时更换。

（8）若新过滤元件在某种场合迅速失效，应重新评价所选过滤元件的适用性。

（9）除通用部件外，在未得到产品制造商认可的前提下，不应将不同品牌的呼吸防护装备的部件拼装或组合使用。

（10）所有使用者应定期体检，评价是否适合使用呼吸防护用品。

（二）在 IDLH 环境中呼吸防护用品的使用要求

在空间允许的情况下，应尽可能由两人同时进入危险环境作业，并配备安全带和救生索；在作业区外应至少留一人，与进入人员保持有效联系，并应配备救生和急救设备。

IDLH 是英语 Immediately Dangerous to Life or Health（立即威胁生命和健康）的缩写，IDLH 浓度是指有害环境中空气污染物浓度达到某种危险水平，如可致命、可永久损害健康或可使人立即丧失逃生能力等。一般以 ppm 为单位（百万之分数，1ppm 是一百万分之一），表示溶液的浓度单位对应的是 mg/L。

（三）低温环境下呼吸防护用品的使用要求

（1）全面罩镜片应具有防雾或防霜的能力。

（2）供气式呼吸器或携气式呼吸器使用的压缩空气或氧气应干燥。

（3）使用携气式呼吸器的人员应了解低温环境下的操作注意事项。

（四）过滤式呼吸器过滤式元件的更换要求

在应急救援作业中过滤式呼吸器使用不多，处于轻度区域作业时会考虑使用，下面对防毒过滤元件的更换注意事项进行说明。

防毒过滤元件的使用寿命受空气中污染物种类及其浓度、使用者呼吸频率、环境温度和湿度条件等因素影响。一般按照下述方法确定防毒过滤元件的更换时间。

（1）当使用者感觉空气污染物味道或刺激性时，应立即更换。

（2）对于常规作业，建议根据经验、实验数据或其他客观方法，确定过滤元件更换时间表，定期更换。

（3）每次使用后记录使用时间，帮助确定更换时间。

（4）普通有机气体过滤元件对低沸点有机化合物的使用寿命通常会缩短，每次使用后应及时更换。对于其他有机化合物的防护，若两次使用时间相隔数日或数周，重新使用时也应及时更换。

（五）供气式呼吸器的使用要求

（1）使用前应检查供气气源质量，气源应清洁无污染，并保证氧含量合格。

（2）供气管接头不允许与作业场所其他气体导管接头通用。

（3）应避免供气管与作业现场其他移动物体相互干扰，不允许碾压供气管。

四、呼吸防护用品的维护

呼吸防护用品的种类较多，要充分发挥各种呼吸防护用品的功能作用，除了正确选择、使用外，对可重复性使用的呼吸防护用品进行维护、保持原有的功能作用也是非常重要的。

（一）呼吸防护用品的检查与保养

（1）应按照呼吸防护用品使用说明书中有关内容和要求，由受过培训的人员实施定期检查和维护，对使用说明书未包括的内容，应向生产者或经销者咨询。

（2）携气式呼吸器使用后应立即更换用完的或部分使用的气瓶或呼吸气体发生器，并更换其他过滤部件。更换气瓶时不允许将空气瓶和氧气瓶互换。

（3）应按国家有关规定，在具有相应压力容器检测资格的机构定期检测空气瓶或氧气瓶。

（4）应使用专用润滑剂润滑高压空气或氧气设备。

（5）不允许使用者自行重新装填过滤式呼吸防护用品滤毒罐或滤毒盒内的吸附过滤材料，也不允许采取任何方法自行延长已经失效的过滤元件的使用寿命。

（二）呼吸防护用品的清洗与消毒

（1）对于个人专用的呼吸防护用品，应定期清洗和消毒；对于非个人专用的呼吸防护用品，每次使用后都应清洗和消毒。

（2）不允许清洗过滤元件。对可更换的过滤元件的过滤式呼吸防护用品，清洗前应将过滤元件取下。

（3）清洗面罩时，应按使用说明书要求拆卸有关部件，使用软毛刷在温水中清洗，或在温水中加入适量中性洗涤剂清洗，清水冲洗干净后在清洁场所避日风干。

（4）若需使用广谱消毒剂消毒，在选用消毒剂时，特别是需要预防特殊病菌传播的情形，应先咨询呼吸防护用品生产者和工业卫生专家。应特别注意消毒剂生产者使用说明，如稀释比例、温度和消毒时间等。

（三）呼吸防护用品的储存

（1）呼吸防护用品应保存在清洁、干燥、无油污、无阳光直射和无腐蚀性气体的地方。

（2）若呼吸防护用品不经常使用，建议将呼吸防护用品放入密封袋内储存。储存时应避免面罩变形。

(3) 防毒过滤元件不应敞口储存。

(4) 所有紧急情况和救援使用的呼吸防护用品应保持待用状态，并置于适宜储存、便于管理、取用方便的地方，不得随意变更存放地点。

第四节 应急响应作业常用的呼吸防护用品

根据应急响应作业特点，作业中使用的呼吸防护用品主要有自吸过滤式防毒面具、长管呼吸器、正压式空气呼吸器和紧急逃生呼吸器等。

一、自吸过滤式防毒面具

(一) 自吸过滤式防毒面具的分类

自吸过滤式防毒面具是靠佩戴者自身的呼吸为动力，将环境中的毒气或有毒蒸气吸入，经滤毒罐或滤毒盒净化清除有害物质，为佩戴者提供洁净的气体进行呼吸。根据结构的不同可以分为两类。

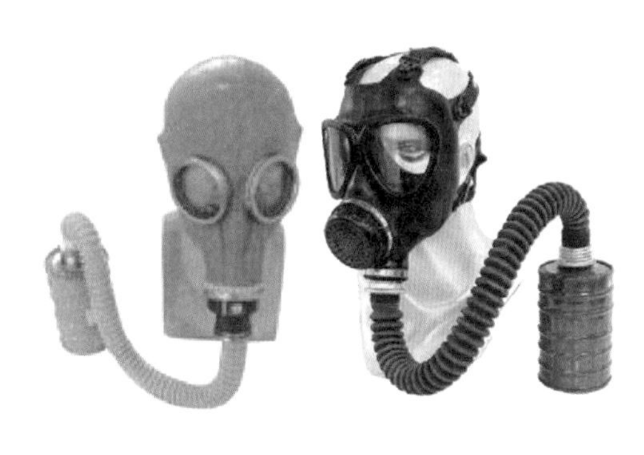

图 6-4-1 导管式防毒面具

1. 导管式防毒面具

导管式防毒面具是由将眼、鼻和口全遮住的全面罩、大型或中型滤毒罐和导气管组成，如图 6-4-1 所示。其特点是防护时间长，一般由专业人员使用。

2. 直接式防毒面罩

直接式防毒面罩的全面罩或半面罩直接与小型滤毒罐或滤毒盒相连接，如图 6-4-2 所示。其特点是体积小，重量轻，便于携带，使用简便。

图 6-4-2 直接式防毒面具

(二) 自吸过滤式防毒面具的适用条件

(1) 只能用于氧含量合格（即氧含量在 19.5%和 23.5%之间）的环境。

(2) 作业环境中的有毒有害气体已知、浓度相对稳定，且始终低于 IDLH 浓度，选用时应根据现场危害因数，选择半面罩防毒面具和全面罩防毒面具。

(3) 应根据使用者的头面型选配面罩。

(4) 作业环境中有毒有害气体不止一种，且不属于一种过滤类型时，应选择复合型的滤毒罐或滤毒盒。

(三) 自吸过滤式防毒面具使用方法

使用前首先检查面罩是否完好，密合框是否有破损，进气阀、呼气阀、头带等部件是否完好有效。使用导管式防毒面具时，要特别检查导管的气密性，观察是否有孔洞或裂缝。接下来是对检查完好的各部件连接，打开封口，将其与面罩上的螺口对齐并旋紧。连接完成的防毒面具则可用于佩戴，松开面罩的带子，一手持面罩前端，另一手拉住头带，将头带往后拉，罩住头顶部（要确保下巴正确位于下巴罩内），调整面罩，使其与面部达到最佳的贴合程度。

二、正压式空气呼吸器

(一) 正压式空气呼吸器的特点和组成

正压式空气呼吸器又称自给开路式空气呼吸器，既是自给式呼吸器，又是携气式呼吸防护用品。此类呼吸器将佩戴者呼吸器官、眼睛和面部与外界染毒空气或缺氧环境完全隔绝，自带压缩空气源，呼出的气体直接排到外部。空气呼吸器有面罩总成、供气阀总成、气瓶总成、减压器总成、背托总成五部分，如图 6-4-3 所示。

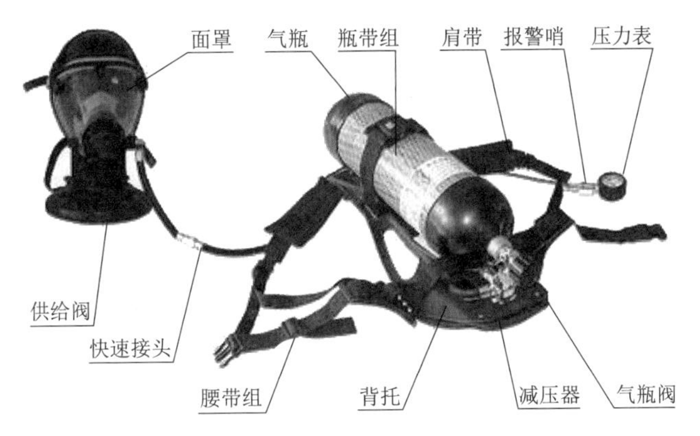

图 6-4-3　正压式空气呼吸器

(二) 正压式空气呼吸器的适用条件

正压式空气呼吸器的指定防护因数大于 1000，可以有效防止吸入对人体有害的毒气、烟雾以及悬浮于空气中的有害污染物，也可以避免缺氧而导致的窒息，是最高级别的呼吸防护，应急救援中多使用此类呼吸防护用品。需要注意的是此类呼吸器不能在水下使用，使用温度一般在−30～60℃。6.8L 正压式空气呼吸器供气时间一般在 40min 左右，主要用于应急救援，不适宜作为长时间作业过程中的呼吸防护用品。

(三) 正压式空气呼吸器的工作原理

打开气瓶阀，高压空气进入减压器，减至适当的压力；同时压力表指示出气瓶的压力。减压后的压缩空气经中压导管、快速接头进入正压型空气供给阀。吸气时，供给阀开启，呼气阀关闭，供给阀给全面罩按佩戴者的吸气量供气，被吸入人体肺部；并使全面罩在整个佩戴过程中保持正压。呼气和屏气时，供给阀关闭而呼气开启，人体呼出的浊气经面罩上的呼气阀直接排到大气中。这样气体始终沿着一个方向流动而不会逆流。

（四）正压式空气呼吸器的日常及使用前检查

不同厂家生产的正压式空气呼吸器在供气阀的设计原理是一致的，但外形设计却存在差异，使用前要认真阅读说明书。下面以供气阀与面罩可分离式正压式空气呼吸器为例介绍检查及使用方法。

（1）检查外观是否良好。部件不能有破损，包括背托、系带、导气管、阀体等，并检查气瓶有效期。

（2）检查气瓶压力是否满足作业需要。打开气瓶阀，压力表指针显示压力逐渐上升，观察气瓶压力，一般来说存放压力不应低于标准工作压力的80%。

（3）检查管路气密性。关闭气瓶阀，观察压力表指针（或数据）1min，表针不下降2格，为气密性完好。

（4）检查报警设施是否正常。接上步，用左手掌根部捂住供给阀的出气口，用右手触开供给阀上的冲泄阀开关，然后松开手掌慢慢放气（根据器材品牌型号而定），观察压力表，当气压降到表的红区（50±5）kg时，报警哨应报警，若不能报警，应重试，多次不能达到要求即器材存在故障，使用受限。报警声音为90dB。

（5）检查面罩的完好情况及气密性。面罩视窗应清洁、无污渍、裂纹，头带无断裂等。将面罩按佩戴方式贴于面部，用手掌根部堵住呼吸阀体进出气口，吸气，面罩会向内微微塌陷，面罩边缘紧贴面部，屏住呼吸数秒，维护上述状态无漏气即说明气密性良好。

（6）检查呼吸性能。将供给阀、面罩全部连接好后，关闭供给阀上的冲泄阀，打开气瓶阀，按佩戴方式将面罩贴紧面部，深吸气，供给阀应能自动打开供气，呼气时供给阀应关闭，停止供气，连续呼吸2～3次，呼吸顺畅，即能满足要求。

（五）正压式空气呼吸的佩戴

（1）打开瓶阀。右手逆时针旋转瓶阀两圈以上打开气瓶，开度至少3圈以上，查看压力表，首次佩戴使用，压力应大于标准工作压力的80%。

（2）背戴空气呼吸器。双手握住空气呼吸器背托两侧握柄，将空气呼吸器举过头顶，双臂穿在肩带中上举，背托顺势下落，肩带刚好套在双肩上，气瓶阀向下倒置于背部。

（3）调整呼吸器上下位置。通过拉肩带上的自由端，调节气瓶的上下位置和松紧，直到感觉舒适为止。

（4）扣紧腰带。将腰带卡口接好，然后将左右两侧的伸缩带向两端拉伸收紧，松紧适度。

（5）佩戴面罩。松开面罩的头带，左手拿面罩，右手抓颈带将面罩挂于脖子上，左手抓住面罩的供给阀接口处，右手抓住头带的中间部位，由下颌部开始贴着面部戴上面罩，右手抓住头带的中间部位由额前向头后拉罩住头顶部，并由下至上逐条收紧头带，使其与面部达到最佳的贴合程度（事前面罩与供给阀已连接好，对于不能事先连接的面罩，需佩戴好面罩后方可连接供给阀）。

（6）激活供给阀。深呼吸2～3次，应感觉呼吸顺畅，吸气时供给阀能快速开启，屏气时供给阀停止供气。如果有泄漏可用手来回晃动面罩使之气密不再泄气。通过几次深呼吸检查供气阀性能，呼气和吸气都应舒畅、无不适感觉。

（7）使用。正确佩戴呼吸器且经认真检查后即可投入使用。使用过程中要注意随时观察压力表和报警器发出的报警信号，报警器音响在1m范围内声级为90dB。压力降至50kg或报警哨响起时应立即撤离作业区域。

（8）卸装操作。完成任务回至安全区域后，按下截止阀，松开头带，取下面罩；轻推腰带两侧滑块，松开腰带，松开肩带，即可卸下装具，关闭气瓶阀。

（9）用后处理。空气呼吸器使用后应及时清洗，先卸下气瓶，擦净器具上的油污，用中性消毒液洗涤面罩、口鼻罩，擦洗呼气阀片，最好用清水擦洗，洗净的部位应自然晾干，并按原样组装好，检查呼气阀气密性。使用后的气瓶必须重新充气，充气压力为300kg。

（六）注意事项

（1）必须对使用人员进行充分培训、考核，能够正确使用。

（2）使用者身体健康，没有职业禁忌证。

（3）患有肺病、各类传染病、高血压、心脏病、精神病等疾病的人员及孕妇、不适宜佩戴人员禁止使用。

（4）必须两人或两人以上协同作业。

（5）本装备仅供呼吸系统的保护，在特殊情况下操作时，应另外佩用特殊防护装备。

（6）在使用中因碰撞使面罩松动错位时，应屏住呼吸，并使面罩复位，以免吸入有毒气体，严禁在工作区摘下面罩。

（七）维护保养与存放

（1）气瓶。气瓶应严格按特种设备安全技术规范《气瓶安全技术监察规程》（TSG R0006）的规定进行管理和使用，并应定期进行检验。使用时，气瓶内气体不能全部用尽，应保留不小于0.5kg的余压。满瓶严禁暴晒。

（2）集成组合式减压器。减压部分应定期用高压空气吹洗或用乙醚擦洗一下减压器外壳和O形密封圈，如密封圈磨损老化应更换。中压安全阀应按规定压力定期校验。气源余气警报器一般不需要调整，如需调试，必须按规定的压力重新调试。

（3）全面罩。空气呼吸器不使用时，全面罩应放置在保管箱内，全面罩存放时不能处于受压迫状态，收贮在清洁、干燥的仓库内，不能受到阳光暴晒和有毒有害气体及灰尘的侵蚀。

（4）正压式空气供给阀。一般情况下严禁拆卸，如需对其维修，应找专业单位或返厂。

（5）空气呼吸器在不用时应定期进行日常规检查，一般每周检查一次。

三、紧急逃生呼吸器

（一）紧急逃生呼吸器的作用和组成

1. 紧急逃生呼吸器的作用

紧急逃生呼吸器是为保障作业安全，携带进入有限空间，帮助作业者在作业环境发生有毒有害气体突出，或突然性缺氧等意外情况时，迅速逃离危险环境的呼吸器，它可以独立使用，也可以配合其他呼吸防护用品紧急逃生呼吸器使用。

2. 紧急逃生呼吸器的组成

根据作业环境特点，选用紧急逃生呼吸器，如有限空间应选用隔绝式紧急逃生呼吸器，有毒气体重度区域作业也宜选用隔绝式紧急逃生呼吸器，其他作业可选用过滤式紧急逃生呼吸器。隔绝式紧急逃生呼吸器主要包括压缩空气逃生器、自生氧气逃生器等，其包括的基本部件有全面罩或口鼻罩和鼻夹、口具、呼吸软管或压力软管、背具、过滤器件、呼吸袋、气瓶等。

（二）紧急逃生呼吸器的使用方法和注意事项

1. 紧急逃生呼吸器使用方法

作业中一旦有毒有害气体浓度超标或作业中正常佩戴的呼吸防护器具出现问题，检测报警仪发出警示时，应迅速打开紧急逃生呼吸器。将面罩或头套完整地遮掩住口、鼻、面部甚至头部，迅速撤离危险环境。

2. 紧急逃生呼吸器使用注意事项

紧急逃生呼吸器必须随身携带，不可随意放置。不同的紧急逃生呼吸器，其供气时间不同，一般在 15min 左右，作业人员应根据作业场所距安全区域的距离选择，若供气时间不足以安全撤离危险环境，在携带时应增加紧急逃生呼吸器数量。

四、空气呼吸器操作规定

（一）使用前检查

（1）外观检查。呼吸器应保持清洁，各部件搭扣应连接牢固，调整肩带、腰带，面罩外观应无灰尘、无裂痕，头带无损坏。

（2）气瓶压力检查。打开气瓶阀，查看压力表，压力值不应低于工作压力的 80%，即 24MPa；关闭气瓶阀。

（3）整体气密性检查。接第（2）步，观察压力表 1min，压力表指针下降不应超过两格，即 2MPa。测试失败的呼吸器不能使用。

（4）检查报警哨。接第（3）步，触动供给阀上的旁路直通阀开关，缓慢放出管路内的空气，并注意观察压力表，当压力表读数降至 5.5 MPa±0.5 MPa 时报警哨应该响起，声音清楚。

（5）面罩的气密性检查。用手掌捂住供给阀接口或将面罩接在没有开启瓶阀的管路上，戴上面罩，深吸气，面屏应移向面部。

（6）呼吸性能检查。打开气瓶阀，戴上面罩，深吸一口气，激活供给阀，深呼吸 2～3 次，吸气时供给阀开启，屏气时供给阀就关闭。正压测试：把一手指伸进面罩，应有稳定的气流，拿去手指，面罩密封后应随呼吸供气。面罩气密性测试：关闭瓶阀，屏气 10s，盯着压力表看指针有无下降，听有无漏气声。若测试失败，应重新测试；如测试仍然失败，应送修。

（二）操作程序

（1）背戴气瓶。将气瓶阀向下背上空呼器，通过拉肩带上的自由端，调节气瓶的上下位置和松紧，直到感觉舒适为止。

（2）扣紧腰带。将腰带卡口接好，然后将左右两侧的伸缩带向后拉紧，确保扣牢。

（3）右手逆时针旋转瓶阀两圈以上打开气瓶，查看压力表。

（4）左手拿面罩，右手抓颈带将面罩挂于脖子上，左手抓住面罩的供给阀接口处，右手抓住头带的中间部位，由下颌部开始贴着面部戴上面罩，右手抓住头带的中间部位由额前向头后拉，并按下、中、上的顺序收紧头带。

（5）连接供给阀［无锡市消宝安全技术有限公司、德尔格医疗设备（上海）有限公司的空气呼吸器的供给阀有手动停止功能，可以提前连接后关闭供给阀，可以省略此步骤］，左手扶面罩供给阀接口，右手握供给阀垂直插入，听到咔哒声即可。

（6）激活供给阀，深吸气激活供给阀，应感觉呼吸顺畅；屏气时供给阀应停止供气。如果有泄漏应用手来回晃动面罩使之气密。戴上安全帽（右手拿帽顶，左手抓帽檐将盔帽戴上），系上帽带。

（7）通过2～3次深呼吸检查供给阀性能，呼气和吸气都应舒畅、无不适感觉。

（8）正确佩戴空气呼吸器且经认真检查后即可投入使用。使用过程中要注意随时观察压力表和报警器发出的报警信号，报警器音响在1m范围内声级为90dB。

（9）脱卸空气呼吸器。使用结束后，先用手捏住下面左右两侧的颈带扣环向前一推，松开颈带，然后再松开头带，将面罩从脸部由下向上摘下，关闭供给阀，关闭气瓶阀。

（三）注意事项

（1）必须对使用人员进行充分培训、考核，能够正确使用。

（2）使用者身体健康，没有职业禁忌证。

（3）有下列疾病者禁止使用：肺病、各类传染病、高血压、心脏病、精神病、孕妇及不适宜佩戴的人员。

（4）必须两人或两人以上协同作业，并确定好紧急时的联络信号。

（5）本装备仅供呼吸系统的保护，在特殊情况下操作时，应另外佩用特殊防护装备。

（6）在使用中因碰撞使面罩松动错位时，应屏住呼吸，并使面罩复位，以免吸入有毒气体，严禁在工作区摘下面罩。

（7）正常使用时，气瓶压力要保持在24MPa以上，否则应及时充气；如长时间不用每三个月重新充气，以保证空气质量。

（四）维护保养

1．定期保养

该装备不需特别维护，但要定期保养。

（1）由专人保管，每次使用后用中性肥皂水清洗，消毒，晾干；检查外观，存放时瓶阀应向上，远离高温、酸碱，妥善保管。

（2）每套呼吸器制作独立维护卡（使用、清洗、充气、测试）。

（3）自检发现有漏气或其他不合格项时，应及时更换相应密封件或通知供应商相关专业人员。

2．定期测试

（1）每月进行一次简单性能检测，内容同使用前检查。

（2）每年一次使用呼吸器检测仪进行全面性能检测。

（3）气瓶每三年做一次静水压测试。

3. 气瓶的日常维护和保养

（1）气瓶必须根据国家相关法律规定定期检验，必须由具备资质的专业检测机构检测，并做好相关记录。

（2）给气瓶充装的气体必须能够符合标准《呼吸防护装置　术语和象形图的定义》（DIN EN -132）的呼吸空气，气瓶内宜始终有可呼吸的空气存在。

（3）不应完全排空气瓶内的空气（至少保持 0.5MPa 的压力），如果没有空气则需要在充气前对气瓶使用空气干燥机或者干燥炉进行干燥处理。

（4）不要放置在潮湿的环境中。

4. 气瓶的运输、储存和搬运

（1）搬运气瓶时应用双手抱瓶体或用手扣住瓶阀嘴处搬运，不应单手握瓶阀阀轮搬运。

（2）运输时气瓶宜瓶阀朝上垂直存放于气瓶周转架上。

（3）在运输和搬运过程中切勿撞击、滚动、投掷气瓶。

五、呼吸用高压空气压缩机操作规定

（一）使用前检查

（1）初步检查。查看各充气软管连接是否完好，有无破裂，充气接口密封垫圈有无破损，电源连接是否正常。

（2）润滑油。从视镜窗查看油面，油面应在窗口三分之二部位。

（3）V形皮带张紧程度。每工作 125h，用力在两轮中间位置压下皮带，皮带挠度不大于 10mm 即可满足要求，同时查看皮带是否有过度磨损现象。

（4）空气滤芯。每 25h 应检查、吹扫一次空气滤芯，并旋转 90°位置安装。

（5）待充气瓶。检查待充气瓶是否有划伤、裂痕，检测日期是否过期。

（二）开机

（1）接通电源，按下接触开关按键，启动电机。

（2）打开两个排污阀和中级过滤阀，泵运转 1min 后，将上述三个阀关闭。当压力达到 300kg，且终压安全阀泄压，表明泵系统运行正常。

（三）利用防爆箱充装

（1）放入防爆箱。关闭防爆箱上的充气阀及放气阀，打开防爆箱盖板，将检查合格的气瓶放入箱内。

（2）连接。将气瓶与充气嘴平行对正，顺时针旋转充气阀接头至紧闭。对多出的充气接口全部用螺帽旋紧。

（3）充装。合上防爆箱面板，打开充气阀，压缩机即可运行充装，气压充至 300kg 后，防爆箱会声光报警提示，在充气过程中要定期（每隔 15min）排放冷凝水。

（4）卸瓶。关闭充气阀开关，关闭瓶阀，打开放气阀泄掉管路内压力，方可将气瓶从充气嘴上取下。

(5) 如需继续充装，重复以上步骤。

(四) 直接充装

(1) 将检查过的待充气瓶和充气阀连接。

(2) 逆时针打开充气阀。

(3) 逆时针打开气瓶阀，此时气瓶就被充气，在充气过程中要定期（每隔 15min）排放冷凝水。

(4) 取下气瓶，当气瓶达到充装压力，首先顺时针关闭气瓶阀，再顺时针关闭充气阀，关闭充气阀时管路的余气被放出，此时即可逆时针旋转充气阀手轮，将已充满的空气瓶卸下。

(5) 如果继续充气，可重复上述操作步骤。

(五) 停机

充装完毕，按压接触开关的分离键，电动机停止运转后关闭总电源，然后将压缩机内的余气和冷凝水排净。

(六) 注意事项

(1) 做好运行记录。

(2) 注意压缩机的运行时间，一般应在 90min，如果仍有气瓶待充装，要间歇 30min 以后再进行作业。

(3) 注意按技术规定定期更换润滑油（一般使用 1000h 或储藏一年）、活性碳棒（使用 125h）、空气滤芯（使用 75h）。

(4) 注意启动后和定时排污，排污时三个排污阀应依次进行。

复习思考题

1. 个体防护的定义是什么？
2. 个体防护装置的定义、作用和分类是怎样的？
3. 皮肤防护指的是什么？适用于皮肤防护的品类与性能是怎样的？
4. 化学品防护服分为几类？如何根据化学品事故现场的危害因素选择防护服？
5. 防护手套的作用是什么？防护手套使用和保养应注意的事项有哪些？
6. 呼吸防护用品的作用是什么？呼吸防护用品主要类型和选用原则是什么？
7. 如何根据有害环境选择呼吸防护用品？
8. 如何根据危害程度选择呼吸防护用品？
9. 如何根据作业状况的不同特点选择呼吸防护用品？
10. 呼吸防护用品使用的一般原则是什么？
11. 在 IDLH（立即威胁生命和健康浓度）环境中如何使用呼吸防护用品？
12. 在低温环境下如何使用呼吸防护用品？
13. 怎样做好呼吸防护用品的维护保养工作？
14. 应急响应作业常使用的呼吸防护用品有哪些？
15. 自吸过滤式防毒面具的特点是什么？应如何正确使用？
16. 正压式空气呼吸器的特点是什么？应如何正确使用？

17. 紧急逃生呼吸器的特点是什么？应如何正确使用？
18. 空气呼吸器使用前的检查项目有哪些？
19. 空气呼吸器使用应遵守哪些操作规定？
20. 空气呼吸器使用注意事项有哪些？
21. 呼吸用高压空气压缩机操作规定有哪些？

第七章

侦检器材与侦检技术

第一节　概　　述

一、侦检的含义

侦检包含两层含义，一是侦查，像军队派出的侦查员去侦察，像医生用听诊器去侦查；二是检测，像侦查员到了侦查的要地，开始用望远镜观察，用仪器记录，像医用探头进入人体，查看病灶。检测是指用指定的方法检验测试某种物体（气体、液体、固体）特定的技术性能指标。

在危险化学品突发事件中，侦检是发现和查明毒剂并测定其含量的技术。侦检通常采用化学、物理、生物化学等方法，包括化学监测、报警、侦毒、化验、毒剂结构鉴定等。侦检在战时可用于化学防护和保障军事行动，平时可用于化学事故应急救援、反化学恐怖和履行《禁止化学武器公约》核查等领域。

二、侦检在化学灾害事故处置过程中的作用

在危险化学品突发事件中，侦检工作具有前瞻性的意义。在化学灾害事故的处置过程中，侦检对防护等级的确定以及警戒、洗消等环节起到关键性的作用。化学灾害事故处置，高效的前提是及时确定泄漏物的种类、性质以及该物质的分布情况。准确、简便、灵敏和快速是化学灾害事故侦检的基本要求。因此，救援人员熟练地掌握侦检技术，科学地使用侦检仪器，是实现化学灾害事故现场快速侦检行动的前提保障。作为电力应急响应人员来说，掌握侦检知识内容是在灾害事故现场快速确认环境风险、提高自我保护的必备技能。

第二节　侦　检　器　材

一、选择侦检器材需要考虑的因素

灾害现场使用侦检器材与实验室大相径庭，尽管测量原理大同小异，但灾害现场对侦检器材的要求更为苛刻，选择侦检器材需要考虑的主要因素如下：

（1）便携性。要求轻便、防震、防冲击，具有较好的耐候性。

（2）可靠性。要求响应时间短，能迅速读出测量数据，测量数据稳定。

（3）选择性和灵敏性。要求抗干扰能力强，能识别所测物质，测量范围宽。

（4）安全性。仪器内部能防止各种不安全因素，如外在电压、火焰、热源所引起的电火花等。

侦检器材可分为有毒气体探测仪、可燃气体检测仪、军事毒剂侦检仪、雷达生命探测仪、快速生化侦检仪、音频生命探测仪、视频生命探测器、水质分析仪、电子气象仪、漏电探测仪、核放射探测仪、电子酸碱测试仪、测温仪、热敏成像仪等。

常用侦检器材主要有气体检测报警仪和气体检测管式侦检仪两种。

二、气体检测报警仪

（一）气体检测报警仪的作用和组成

气体检测报警仪是用于检测工作场所空气中氧气、可燃气和有毒有害气体浓度和含量的仪器，由探测器和报警控制器组成，当气体含量达到仪器设置的条件时可发出声光报警信号。常用的气体检测报警仪有固定式气体检测报警仪、移动式气体检测报警仪和便携式气体检测报警仪。便携式气体检测报警仪由于具有体积小、易于携带、一次性可检测一种或多种有毒有害气体、快速显示数值、数据精确度高、可实现连续检测等优点，是化学灾害事故现场侦检和连续监测设备的首选。下面以便携式气体检测报警仪为例进行介绍。

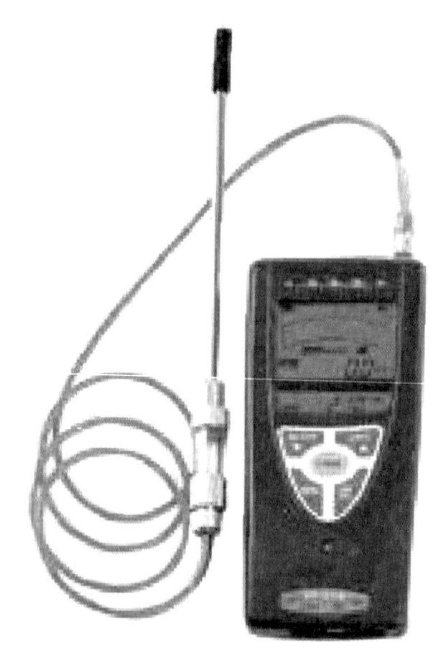

图 7-2-1　XP-3118 型氧、可燃气复合式便携检测仪

便携式气体检测报警仪一般由外壳、电源、采样器、气体传感器、电子线路、显示屏、报警显示器、计算机接口、必要的附件和配件几大部分组成，如图 7-2-1 所示为 XP-3118 型氧、可燃气复合式便携检测仪。

（二）气体检测报警仪的分类

（1）按检测对象的不同，便携式气体检测报警仪可以分为可燃气体检测报警仪、有毒气体检测报警仪和氧气检测报警仪三类。

（2）按采样方式不同，便携式气体检测报警仪可以分为扩散式检测报警仪和泵吸式检测报警仪两类。

（3）根据检测报警仪配置传感器的数量不同，便携式气体检测报警仪又可以分为单一式检测报警仪和复合式检测报警仪两类。

三、可燃气体检测报警仪

（一）可燃气体检测报警仪的作用、工作原理和特点

1. 可燃气体检测报警仪的作用

可燃气体检测报警仪用于监测可燃气体或蒸气。应急救援队伍主要用可燃气体检测仪探测和记录灾害现场可燃气体浓度是否达到爆炸下限。

2. 可燃气体检测报警仪的工作原理

大部分可燃气体检测报警仪的原理为热线圈原理，即当细丝线圈与可燃气体或蒸气接触时，线圈会被加热。

传感器是用纯度为 99.999%的铂丝（直径 0.05mm）绕成的线圈，在氧化铝载体上均匀涂上催化剂，将载体均匀涂在线圈上，高温烧结，然后与烧结的温度补偿元件构成检测元件，如图 7-2-2 所示。

可燃气体或蒸气在检测元件表面受到催化剂的作用被氧化而发热，使铂丝线圈温度上

升。温度上升的幅度和气体的浓度成比例，而线圈温度上升又和铂丝电阻值成比例变化，通过测定检测电路中电桥的电压差可测定出气体的浓度。电压输出与气体浓度成比例，直到爆炸下限，两者大约呈线性关系。

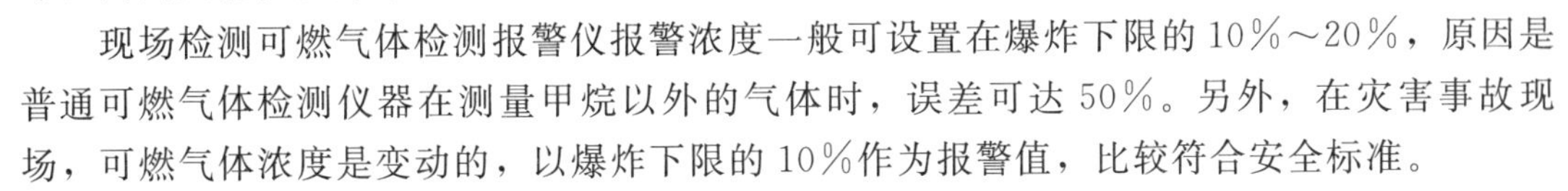

图 7-2-2　催化燃烧式传感器

3. 可燃气体检测报警仪的特点

这种仪器用于检测空气中的氢、甲烷、汽油、液化石油气和乙炔等可燃气体，其精度高，重现性好，几乎不受温度、湿度的影响。但检测元件中的催化剂易受硅化物、硫化物和氯化物气体的影响而中毒，因而只能检测爆炸下限以下的气体浓度。

现场检测可燃气体检测报警仪报警浓度一般可设置在爆炸下限的10%～20%，原因是普通可燃气体检测仪器在测量甲烷以外的气体时，误差可达50%。另外，在灾害事故现场，可燃气体浓度是变动的，以爆炸下限的10%作为报警值，比较符合安全标准。

（二）氧气检测报警仪

氧气检测报警仪有时与其他气体检测仪器制作为一体。检测氧气的主要目的如下：

（1）检测火场上（特别是封闭场所内）氧气浓度是否能够满足呼吸要求。

（2）采用封洞窒息灭火时，封闭空间内氧气浓度是否达到窒息条件。

（3）在富氧火灾时，确定氧气浓度。

（4）检测受限空间氧浓度。

氧气检测报警仪（图 7-2-1）的检测范围一般在 0～25%，氧气浓度报警点设置在19%和 23%。

氧气检测报警仪按检测氧气传感器的原理可以分为电化学式（伽伐尼电池）氧气检测报警仪、半导体式氧气检测报警仪和极限电流式氧气检测报警仪三类。

四、有毒气体检测报警仪

（一）传感器工作原理

有毒气体检测报警仪传感器按原理可分为定电位电解式传感器、半导体式传感器等多种形式。目前使用较多的是定电位电解式传感器，由工作电极、参比电极和对极三个电极及电解液组成。采用这种传感器仪器的灵敏度高，可检测浓度为 1ppm 的一氧化碳，改变反应极的电位即可检测选择的被测对象。测定低浓度的气体具有良好的精度，干扰气体少。可用于测定一氧化碳、硫化氢、一氧化氮、二氧化氮、砷化氢、磷化氢等气体。

（二）光化电离检测仪

光化电离检测仪可用于灾害现场测量有机、无机气体或蒸气浓度，因为灾害物质在紫外线作用下发生电离，产生的电流与电离的分子浓度成正比。由于测量机理不同，光化电离检测仪的灵敏度远远高于气体检测仪。光化电离检测仪通常能够检测出百万分之一有毒化学物质的浓度，这一特性对于在发生化学灾害现场监测高毒性有机物质非常有用。

（三）红外分光光度计

红外分光光度计的工作原理是基于不同的化合物在不同的浓度条件下，所放射的红外线频率和强度是一定的，通过测量仪器所吸收的红外线频率和强度，可确定样品的有毒物质浓度。

五、便携式气体检测报警仪

（一）便携式气体检测报警仪的使用操作

一般来讲，便携式气体检测报警仪的使用操作应包括三个阶段。

1. 使用前检查

气体检测报警仪在被带到现场进行检测前，应对其选型、外观、开机自检和采气管和泵系统进行检查，发现问题应及时纠正、更换。需要注意的是必须在非污染区开机，并在完成自检后进入污染区检测。

2. 现场检测

现场检测时，侦检人员应根据战术要求分区域侦检或连续侦检，但每隔一定距离都要有一个停顿点，给检测报警仪留出反应时间，对检测到的数据及时记录。

3. 检测结束

检测结束后，关闭仪器。需要注意的是气体检测报警仪在关闭前应置于洁净的空气中，待检测仪器内部的气体全部反应，读数重新显示为设定的初始数值时才可关闭，否则会影响下次使用。

（二）便携式气体检测报警仪的维护与保养

1. 定期检定

除按照厂家产品说明书上要求的校准外，使用单位应根据相关法律法规及标准规范要求，定期将仪器送至专业计量检验机构进行检定，以保证仪器的正常使用。例如《可燃气体检测报警器》（JJG693）、《硫化氢气体检测仪》（JJG695）、《一氧化碳检测报警器》（JJG915）、《作业场所环境气体检测报警仪通用要求》（GB12358）等标准都对检测报警仪的检定周期进行了规定。气体检测报警仪每年至少标定1次，如果对仪器的检测数据有怀疑或仪器更换了主要部件及修理后，应及时送检。标定参数为零值、预警值、报警值，使用的被测气体的标准混合气体（或代用气体）应符合要求，其浓度的误差（不确定度）应小于被检仪器的检测误差。标定应做好记录，内容包括检定时间、标准气体规格和检定点等。

2. 要在检测报警仪传感器的寿命内使用

各类气体传感器都具有一定的使用年限，即寿命。一般来讲，催化燃烧式可燃气体传感器的寿命较长，一般可以使用3年左右；红外和光离子化检测仪的寿命为3年或更长一些；电化学传感器的寿命相对短一些，一般为1～2年；氧传感器的寿命最短，在1年左右。电化学传感器的寿命取决于其中电解液的干涸，所以如果长时间不用，将其放在较低温度的环境中可以延长使用寿命。检测报警仪应在传感器的有效期内使用，一旦失效，应及时更换。

3. 不可超检测报警仪的浓度测量范围使用

常见气体传感器检测范围见表7-2-1，不可超检测报警仪的浓度测量范围使用。各类气体检测报警仪都有其固定的检测范围，这也是传感器测量的线性范围。只有在其测定的范围内使用，才能保证仪器准确地进行检测。检测时，检测值超出气体检测报警仪测量范围，应立即使气体检测报警仪脱离检测环境，在洁净空气中待气体检测报警仪读数归零后，方可进行下一次检测。在线性范围之外的检测，其准确度是无法保证的。此外，若长时间在测定范围以外进行检测，还可能对传感器造成永久性的破坏。

表 7-2-1　　常见气体传感器的检测范围、分辨率、最高承受浓度

传感器	检测范围/ppm	分辨率	最高承受浓度/ppm
一氧化碳	0～500	1	1500
硫化氢	0～100	1	500
二氧化硫	0～20	0.1	150
一氧化氮	0～250	1	1000
氨气	0～50	1	200
氰化氢	0～100	1	100
氯气	0～10	0.1	30
挥发性有机化合物	0～5000	0.1	—

如可燃气体检测报警仪，如果不慎在超过可燃气体爆炸下限的环境中使用，有可能会彻底烧毁传感器。有毒气体检测报警仪长时间工作在较高浓度下，也会造成电解液饱和，造成永久性损坏。因此，一旦便携式气体检测报警仪在使用时发出超量程信号（检测报警仪测得气体浓度超过仪器本身最大测量限度发出的报警信号），要立即离开现场，以保证人员的安全。

4. 清洗

必要时使用柔软而干净的布擦拭仪器外壳，切勿使用溶剂或清洁剂进行清洗。

目前，市场上的气体检测报警仪种类繁多，在使用前要仔细阅读产品说明书，掌握仪器的技术指标、使用方法、维护保养等内容，确保正确使用。

（三）便携式气体检测报警仪的使用注意事项

1. 注意不同传感器检测时可能受到的干扰

一般而言，每种传感器都对应一种特定气体，但任何一种气体检测仪也不可能是绝对特效的。因此，在选择一种气体传感器时，都应当尽可能了解其他气体对该传感器的检测干扰，以保证它对于特定气体的准确检测。例如，一氧化碳传感器对氢气有很大的反应，所以当存在氢气时，就会对一氧化碳的测量造成困难。再如，氧气含量不足对用催化燃烧传感器测量可燃气浓度会有很大的影响，这也是一种干扰，因此在测量可燃气的同时，一定要测量伴随的氧气含量。

2. 注意报警设置

便携式气体检测报警仪的重要用途是在危险情况下及时警示人员采取行动，立即离开危险场所或采取其他防护措施。

对于仪器使用者来讲，一个适当的报警设定值是十分重要的。报警值要设定在有毒有害气体浓度的危险性不足以使作业人员失去自救能力的浓度之下，因为作业人员需要足够时间和能力撤离到安全地带。例如，可燃性气体的浓度超过爆炸下限的10%的环境就存在危险，可能引起死亡、失去知觉、丧失逃生及自救能力，因此，可燃气体报警值设为爆炸下限的10%，而预警值设为爆炸下限的5%。

作为警报设定的参考值包括短时间接触容许浓度、最大值、时间加权平均容许浓度等。实际使用过程中，生产商已根据相关规范对检测报警仪警示值进行了预设。一般都会设定预警值、报警值及超量程等几个报警点。

需要注意的是，有毒有害气体应设定预警值和报警值两级检测报警值。有毒有害气体预警值约为《工作场所化学有害因素职业接触限值 第1部分：化学有害因素》（GBZ 2.1）规定的最高容许浓度或短时间接触容许浓度的30%，无最高容许浓度和短时间接触容许浓度的物质，约为时间加权平均容许浓度的30%。有毒有害气体报警值为GBZ 2.1规定的最高容许浓度或短时间接触容许浓度，无最高容许浓度和短时间接触容许浓度的物质，应为时间加权平均容许浓度。部分有毒有害气体的预警值和报警值见表7-2-2。

表7-2-2　　部分有毒有害气体预警值和报警值

气体名称	预警值		报警值	
	mg/m^3	20℃，ppm	mg/m^3	20℃，ppm
硫化氢	3	2	10	7
氯化氢	0.22	0.14	0.75	0.49
氰化氢	0.3	0.2	1	0.8
溴化氢	3	0.8	10	2.9
一氧化碳	9	7	30	25
一氧化氮	4.5	3.6	15	12
二氧化碳	5400	2950	18000	9836
二氧化氮	3	1.5	10	5.2
二氧化硫	3	1.3	10	4.4
二硫化碳	3	0.9	10	3.1
苯	3	0.9	10	3
甲苯	30	7.8	100	26
二甲苯	30	6.8	100	22
氨	9	12	30	42
氯	0.3	0.1	1	0.33
甲醛	0.15	0.12	0.5	0.4
乙酸	6	2.4	20	8
丙酮	135	55	450	185

六、气体检测管式侦检仪

（一）气体检测管式侦检仪组成

气体检测管式侦检仪由气体检测管（或检气管）、采样器、预处理管及其他附件组成，如图 7－2－3 所示。

1. 气体检测管

气体检测管是一种填充涂有化学指示剂的载体（以上两者合称指示粉）的透明管子。利用指示粉在化学反应中产生的颜色变化测定气体的浓度或种类。

2. 采样器

采样器是指与检测管配套使用的手动或自动采样装置。

3. 预处理管

预处理管是用于对样品进行预处理的管子，如过滤管、氧化管、干燥管等。

4. 附件

附件是气体检测管装置中必要的组成部分，如检测管支架、采样导管、散热导管、浓度标准色阶、标尺和校正表等。

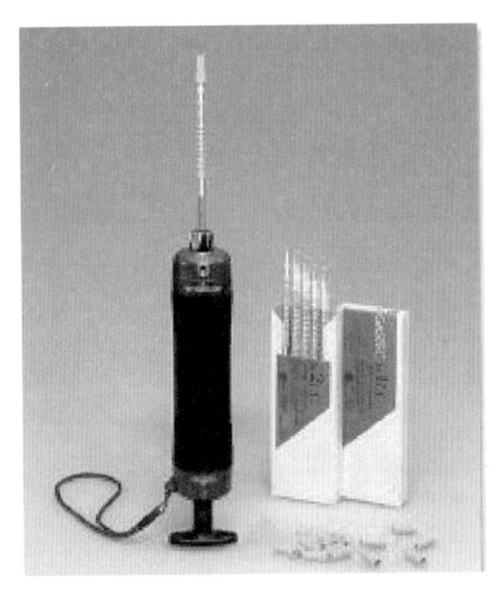

图 7－2－3　气体检测管式侦检仪

（二）气体检测管工作原理

气体检测管装置主要依靠气体检测管变色进行检测。气体检测管内填充有吸附了显色化学试剂的指示粉。当被测空气通过检测管时，有害物质与指示粉迅速发生化学反应，被测物质浓度的高低，将导致指示粉产生相应的颜色变化。可根据指示粉颜色变化对有害物质进行快速的定性和定量分析，如图 7－2－4 所示。

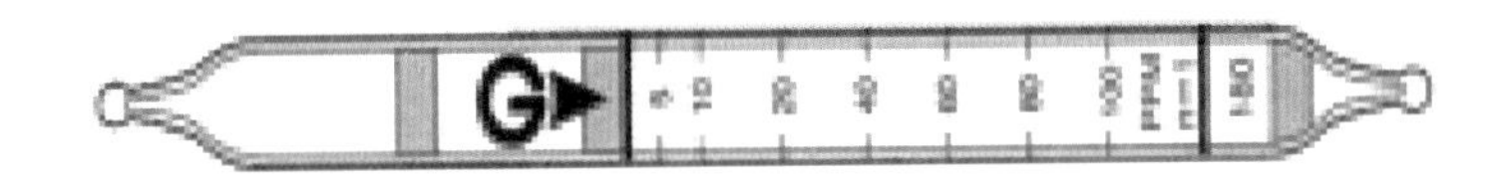

图 7－2－4　气体检测管装置

（三）气体检测管分类

气体检测管主要可以分为以下几种：

（1）比长型气体检测管，根据指示粉变色部分的长度确定被测组分的浓度值。

（2）比色型气体检测管，根据指示粉变色色阶确定被测组分的浓度值。

（3）比容型气体检测管，根据产生一定变色长度或变色色阶的采样体积确定被测组分的浓度值。

（4）短时间型气体检测管，用于测定被测组分的时间加权平均浓度。

（5）长时间型气体检测管，用于测定被测组分的时间加权平均浓度。

（6）扩散型气体检测管，利用气体扩散原理采集样品的气体检测管装置，该类型装置不使用采样器。

（四）采样器分类

（1）真空式采样器。采样器用真空气体原理，使气体首先通过检测管后再被吸入采样器中。

（2）注入式采样器。采样器采用活塞压气原理，将气体吸入采样器内的气体检测管。

（3）囊式采样器。采样管采用压缩气囊原理，压缩具有弹簧的气囊达到压缩状态后，通过气囊形状恢复过程，使气体首先通过检测管后再被吸入采样器中。

（五）气体检测管式侦检仪的选用

气体检测管式侦检仪是一种简便、快速、直读式的定量/定性检测仪。在已知有害气体或液体蒸气种类的条件下，利用该侦检仪可在1～2min内，根据检测管色变的长度或程度测出气体浓度。目前，世界生产的气体检测管已达200多种。

检测管按测定对象可分为气体和蒸气检测管、气溶胶检测管和液体离子检测管；按测定方法可分为比长型检测管和比色型检测管；按测定时间可分为短时间检测管和长时间检测管。应用最多的是气体或蒸气瞬间浓度的比长型检测管和比色型检测管，由于该检测管不支持实时检测，在应急救援中往往与便携式气体检测报警仪互补使用。

（六）使用示例

下面以比长型气体检测管配合真空采样器使用为例，介绍使用气体检测管式侦检仪进行气体检测的方法。

1. 使用前检查

（1）检查检测管是否与被测气体种类相匹配，是否在有效期范围内。取出检测管，观察外观是否完好，有无破裂。

（2）检查采样器的气密性是否良好。用一只完整的检测管堵住采样器进气口，一只手拉动采样器拉杆，使手柄上的红点与采样器后端盖上的红线相对，锁住采样器。停留数秒后解锁松手，拉杆立即弹回，证明采样器气密性良好。

（3）检查采气袋是否完好，并进行清洗。利用采气泵抽入现场有毒有害气体前，使用惰性气体（无惰性气体时使用洁净空气代替）抽入气袋，并将采气袋上的密封口封好，挤压，采气袋没有泄漏情况出现，则完好。如果采气袋完好，用惰性气体或洁净空气反复冲洗采气袋。

2. 使用步骤

（1）切断检测管两端封口，一手持真空采样器，另一手将检测管端封口插入真空采样器的前端小切割孔上折断，如图7-2-5所示。

（2）把检测管插在采样器的进气口上（检测管上的进气箭头指向采样器），如图7-2-6所示。

（3）对准所测气体（泵入采气袋内的被测气体），转动采样器手柄，使手柄上的红点与采样器后端盖上的红线相对，如图7-2-7所示。

（4）拉开手柄到所需位置（100mL或50mL），由采样器上的卡销进行固定。等2～3min，当检测管变色的前端不再往前移动时，取下检测管，从检测管上即可读出所测气体的浓度，如图7-2-8所示。

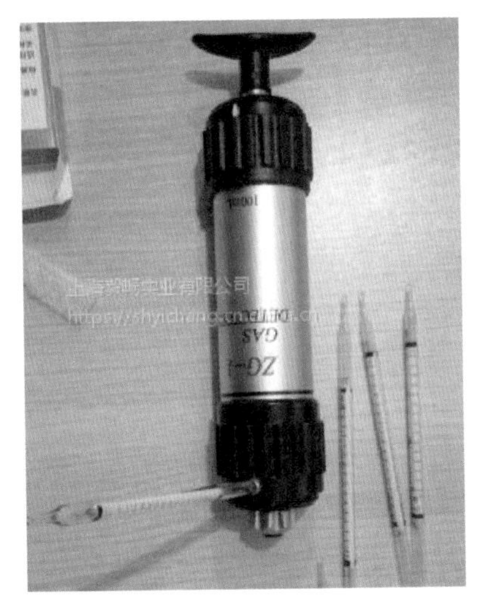

图 7-2-5　切断检测管两端封口

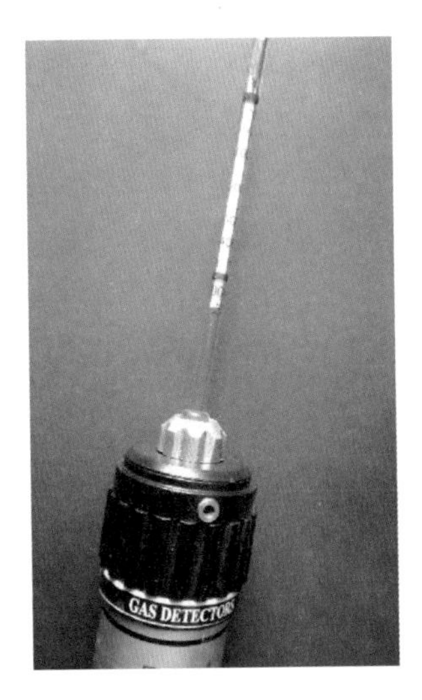

图 7-2-6　把检测管插在采样器的进气口上

图 7-2-7　对准所测气体（泵入采气袋内的被测气体）转动采样器手柄

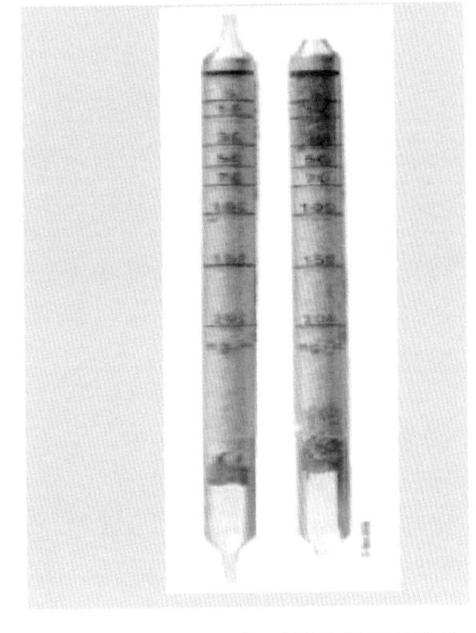

图 7-2-8　从检测管上即可读出所测气体的浓度

当检测管要求的采气量大于 100mL 时，不用拔下检测管，直接再拉手柄取第二次气。同时可用采样器后端的计数器累计采气次数。如果使用移动计数器，注意使计数器上的数字与红线相对。

(5) 测量完毕转动手柄使红点与红线错开，将手柄推回原位。读数时注意检测管上标明的浓度单位及所读数值与实际浓度间的倍率关系。

3. 注意事项

(1) 检测管和采样器连接时，应注意检测管所标明的箭头指示方向。

(2) 作业现场存在有干扰气体时，应使用相应的预处理管，并注意正确的连接方法。

(3) 当现场温度超过检测管规定的使用温度范围时，应用温度校正表对测量值进行校准。

（4）对于双刻度检测管应注意刻度值的正确读法。

（5）使用检测管时要检查有效期。

（6）检测管应与相应的采样器配套使用。

（7）采样前，应对采样器的气密性进行检查。

第三节 侦 检 技 术

一、空气检测

应急救援队伍进入灾害现场时，首先要对环境空气进行检测，以评估灾害程度和范围。当现场存在可燃气体、毒剂和缺氧情况时，应急人员要加强个人防护。

由于开阔空间自然扩散力的作用，空气中的污染物往往很快扩散，所以不是检测的重点。检测的重点是低洼地带、封闭空间、容器等，这些位置可使灾害物质的扩散周期加大。空气检测不是救援行动的辅助部分，而是对救援行动的指导措施。确定污染范围的尺寸，应该沿污染源下风轴线方向连续取样，直至达到安全要求。还要沿垂直轴线方向取样检测，以确定污染宽度。必须谨慎考虑，周密部署，正确确定空气取样计划，以保证得出正确的检测结果，进而合理确定灾害现场不稳定污染物的范围。

由于缺乏检测仪器，所以对未知无机蒸气和气体的检测十分困难。有的地方用气体检测管式侦检仪检测无机气体，用光化电离检测仪器可以检测少量无机物质。光化电离检测仪和火焰离子检测仪可以检测未知有机化合物。在相对较高浓度时，可用可燃气体检测仪检测可燃气体或蒸气。

二、人员监测

在可能受到化学危险品伤害的区域工作的人员，应该配备适当的个人检测仪器，当化学危险品浓度超标时发出警告。另外，对于正常工作在化学危险品场所的工人，也要进行例行检查，以确定其吸收的化学危险品剂量。

三、事故现场定量检测方法

现场定量检测方法是在现场有毒有害物质确定后，利用便携式气体检测报警仪、军事毒剂侦检仪等仪器进行定量分析。为了准确和迅速地测出现场的毒气浓度及其分布，掌握现场侦检的方式和方法非常关键。

（一）现场侦检方式

1. 从下风处迎风向泄漏源行进

事故发生时，当泄漏源正处于人员密集区上风向或重点保护单位上风向时，为迅速查明泄漏源对下风方向的污染区域范围，需要从下风处迎风向泄漏源行进检测。行进路线由现场指挥部根据地理和人员分布情况指定，侦检小组应按指定路线从泄漏源的下风方向朝上风方向行进，边行进，边侦检，边标志危险区边界，如图 7－3－1 所示。

2. 从侧风方向平行斜穿行进

根据事故现场情况需要快速确定泄漏物对现场污染宽度时，需要采取平行斜穿行进方法。侦检小组按照现场指挥员指定的路线和位置接近染毒区域，从染毒区域的侧风方向平行斜穿行进，边行进，边侦检，边标志危险区边界，如图 7-3-2 所示。

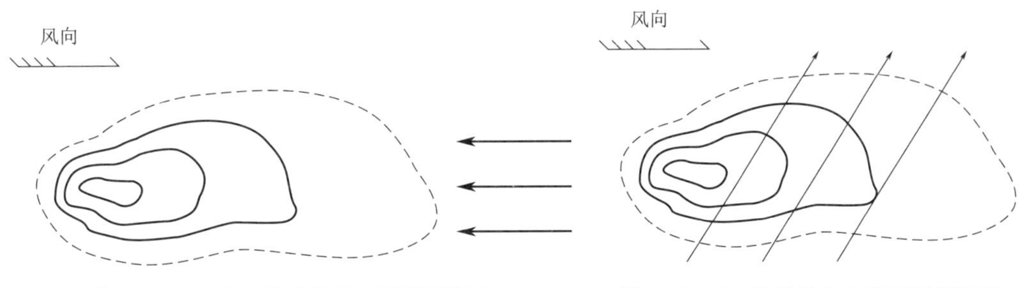

图 7-3-1　从下风处迎风向泄漏源行进　　图 7-3-2　从侧风方向平行斜穿行进

3. 分区域从各方向环绕行进

由于事故源大量长时间泄漏造成污染区域较大，一个侦检小组难以短时间内完成检测任务时，应分成多个侦检小组分区域从各方向环绕进行，迅速检测出各方向污染区域范围。各侦检小组按照现场指挥员指定的区域路线和位置接近染毒区域，明确各自的侦检任务分区，同时在所负责区域内环绕行进，边行进，边侦检，边标示危险区边界，如图 7-3-3 所示。

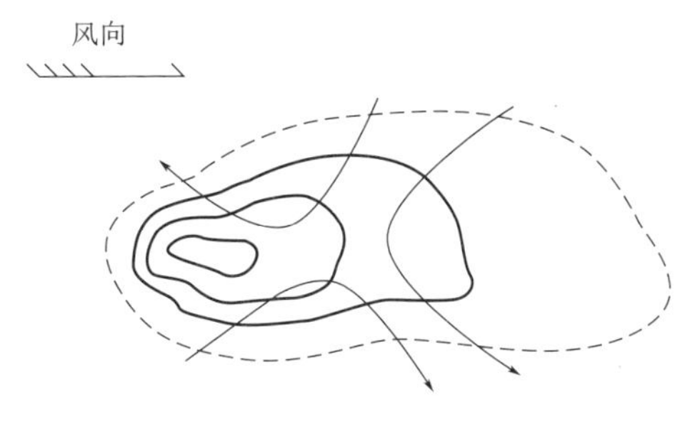

图 7-3-3　分区域从各方向环绕行进

（二）现场侦检的实施方法

1. 以小组为单位实施检测

现场实施检测应以小组为单位进行，且每小组不宜少于 3 人，在较大的场地条件下，担任检测的两名队员，间距应在 50m 以内，便于相互呼应。负责设置标志的队员（通常由组长担任）紧跟其后。以后三角方式行进，前两名检测、记录，后一名实施现场标识。

2. 不同区域放置明显标示物

根据现场检测到的数据划分出事故重度区（中心区域）、中度区（事故波及区）和轻度区（事故可能影响区域）。对于可燃气体事故现场其重度区的边界线值宜为爆炸下限的 70%，中度区的边界线值宜为 40%，轻度区域边界线值宜为 10%。对于有毒介质重度区域边界线宜为 $IDLH$ 值或 LC_{50}，中度区域宜为 $IDLH$ 值的 50%或 LC_{50}的 30%。

3. 持续检测

由于现场检测到的是污染物瞬间浓度，随着气体的扩散和气象条件的变化，污染物的浓度不断变化，因此在测得危险区域边界后，应派 1～2 名侦检人员持续不断进行检测，监视危险区边界变化。根据变化情况重新标示，并及时向指挥部报告。

复习思考题

1. 侦检一词的含义是什么？侦检工作在化学灾害事故的处置过程中起到怎样的作用？

2. 什么是侦检器材？在化学品事故灾害现场使用的侦检仪器需要满足哪些条件？

3. 常用侦检器材主要分为哪两类？

4. 气体检测报警仪的工作原理和组成是怎样的？气体检测报警仪分为几类？

5. 可燃气体检测报警仪的工作原理和特点是什么？

6. 有毒气体检测报警仪的传感器工作原理是怎样的？

7. 便携式气体检测报警仪的使用操作包括哪三个阶段？

8. 便携式气体检测报警仪的维护保养要求有哪些？有哪些注意事项？

9. 气体检测管侦检仪由哪几部分组成？其工作原理是怎样的？

10. 怎样用比长型气体检测管配合真空采样器进行气体检测？

11. 应急队伍进入灾害现场时为什么首先要对环境空气进行检测？检测的重点是什么？

12. 现场定量检测方法的目的是什么？准确和迅速地测出现场的毒气浓度及其分布工作的关键是什么？

13. 化学品事故现场对环境空气的侦检方式是怎样的？

14. 化学品事故现场对环境空气的定量检测方法是怎样的？

第八章

化学事故下的自救与互救

第一节　自救、互救原则和注意事项

60 年前全世界的化学品年产量仅有 100 万 t，人们对化学品和化工生产过程中可能产生的危害还不甚了解。而今天化学品的年产量已超过 10 亿 t，已为人知的化学品就有 800 万种之多，而且每年还有 1000 多种新的化学品问世，这些化学品中有相当一部分为危险化学品，其中约 200 种被认为是致癌物质。

对于化学品这类特殊商品，它的存在和生产的确极大地改善了人们的生活，但其固有的危险性也给人类的生存带来了极大的威胁。化学事故具有发生突然、扩散迅速、持续时间长、涉及面广的特点，处于事故现场周边的人员可能受到中毒、窒息、冻伤、化学灼伤、烧伤等伤害。现场及时采取有效的自救、互救是减少伤亡的重要一环，而学习掌握事故突发下的自救、互救知识，争取抢救的时机，对于中毒者来说也是十分重要的。无论是应急救援人员，还是事故现场人员，都应掌握自救、互救以及中毒急救的基本知识和方法。

一、自救

自救可以从两个方面来理解：一是指发生危险化学品事故时，事故单位实施的救援行动以及在事故现场受到事故危害的人员自身采取的保护防御行为，自救是危险化学品事故现场急救工作最基本、最广泛的救援形式；二是指自然人，随着化学品流动性的增加，自然人也随时处于危险源附近，一旦发生危险能够快速识别并采取正确方法保护自己，也是自救。在第一点中自救行为的主体是企业及职工本身。由于他们对现场情况最熟悉，反应速度最快，发挥救援的作用最大，危险化学品事故现场急救工作往往通过自救行为应能控制或解决问题。

简单来说自救就是自己救自己。要做到自救，首先必须了解周围的危险因素；其次，要懂得中毒的先兆症状；最后遇到化学品事故现场要有防范中毒的意识和准备。下面介绍一下自救的办法。

1. 在有毒气体泄漏场所的自救办法

在可能或确已发生有毒气体泄漏的场所，当突然出现头痛、头晕、恶心呕吐或无力等症状时，应想到有中毒的可能性，要迅速采取有效对策。

（1）如身上备有防毒面具，应憋住呼吸，快速戴上防毒面具，立即离开中毒环境。

（2）憋住呼吸，迅速脱离中毒环境，移动到上风向侧。

（3）发出呼救信号。

（4）如有警报装置，应立即启用。

（5）如果是氨、氯等刺激性气体，应用毛巾或衣物浸水后，捂住鼻子向安全区域跑。

（6）在无围栏的高处，以最快的速度抓紧东西，或趴在上风侧，尽力避免坠落受伤。

2. 眼睛沾染的自救办法

（1）发生事故的瞬间闭住或用手捂住眼睛，防止有毒的液体溅入眼内。

（2）若眼睛已经被沾染，立即用流动清洁水冲洗；如只有一只眼受沾染，在冲洗眼睛的初期要保护好另一只眼，以防沾污。

3. 皮肤沾染的自救办法

（1）如果毒物沾染皮肤，应用大量流动清洁水或温水冲洗干净，注意头发等部位的冲洗。

（2）如果沾染衣服、靴袜，应立即脱除，再冲洗皮肤。

4. 化学品事故的自救办法

总体来说，一旦遭遇化学品事故，应保持沉着冷静，迅速辨别环境和风向，及时采取以下措施：

（1）如果位于污染区或污染区附近，应当立即向上风或侧风向撤离，并且尽快找到避难场所。

（2）撤离时应采取以下适当的自我保护措施：用湿毛巾、口罩或防毒面具等保护呼吸道；用雨衣、橡胶手套、雨靴等保护皮肤；用防毒眼镜、游泳潜水镜、透明塑料袋等保护眼睛。

（3）如果应急指挥部门要求人员留在室内，则应做好如下措施：立即关闭所有门窗、空调和通风设备；尽可能待在最里层的房间；将门窗缝隙用胶条密封；带上储备的应急物品。

（4）如果接触或暴露在危险化学品中，进入避难场所后，要立即进行清洁处理。清洁处理时要特别小心，凡是与身体接触的所有被污染的衣物，都要立即脱掉；防止脱衣时化学品污染眼睛、鼻子和嘴，应将套头衫剪开后再脱掉；用水冲洗眼睛，头发和手，然后再洗净全身，换干净衣服。

（5）野外作业突遇化学品事故，如危险化学品运输车辆发生事故时，首先要判明事故点距离和风向，其次要就地取材做好呼吸防护后向上风或侧上风方向撤离，并示意队友同步撤离。其他可参见上面的自救方法。

二、互救

1. 需要展开互救的情况

许多情况下无法自救，特别是当中毒病情较重、中毒者意识不清时，当眼被化学物质刺激肿胀睁不开时，就迫切需要他人救助，也就是常说的互救。

互救（他救）是指发生危险化学品事故时，事故现场的受害人员相互之间的救护以及他人或企业救护队伍或社会救援力量组织实施的一切救援措施与行动。互救（他救）是救死扶伤的人道主义和互帮互助的社会主义精神文明的体现。在发生大的危险化学品事故特别是灾害性危险化学品事故时，在本身救援力量有限的情况下，争取他人救助和社会力量的救援相当重要。

2. 实施救助时应做好的几项工作

（1）辨识现场危害，落实救护者的个人防护。

首先，应对中毒者所处的环境、位置给予明确，然后辨识出环境中的有毒有害物质及其浓度，确定救援人员的防护用品并正确使用，在设法救人的同时，要采取安全措施，切忌盲目行动，以防造成更严重后果。

(2) 救出中毒人员，分清轻重，合理处理。

1) 搬运中要注意保护有外伤出血、骨折等部位，必要时应包扎固定。

2) 将中毒者搬运到空气新鲜处后，要按顺序检查意识、脉搏、心跳、呼吸等，必要时采取心肺复苏。

3) 如果神志清醒，呼吸、心跳正常，则注意眼睛的检查和冲洗。

4) 检查皮肤有否沾染毒物，如有应冲洗干净。

三、自救和互救时应遵循的原则

自救、互救是争取时间、挽救生命的必要措施，要强调加快、准确，在组织自救互救的同时，应向医院报警呼救。如能及时、正确地抢救出中毒人员，对于挽救中毒人员的生命、减轻中毒程度，为医疗抢救创造条件，具有重大意义。在自救、互救时应遵循以下原则和注意事项。

1. 化学事故现场急救的一般救治原则

(1) 立即解除致伤原因，脱离事故现场。

(2) 置神志不清的伤员于侧卧位，防止气道梗阻，缺氧者给予氧气吸入，呼吸停止者立即施行人工呼吸，心跳停止者立即施行胸外心脏按压。

(3) 皮肤烧伤应尽快清洁创面，并用清洁或已消毒的纱布保护好创面，酸、碱及其他化学物质烧伤者用大量流动清水和足够时间（一般 20min）进行冲洗后再进一步处置，禁止在创面上涂敷消炎粉、油膏类，眼睛灼伤后要优先彻底冲洗。

(4) 如是严重中毒，要立即在现场实施病因治疗及相应对症支持治疗；如果是一般中毒，要平坐或平卧休息，密切观察监护，随时注意病情的变化。

(5) 骨折特别是脊柱骨折时，在没有正确固定的情况下，除止血外应尽量少动伤员，以免加重损伤。

(6) 勿随意给伤员饮食，以免呕吐物误入气管内。

(7) 置患者于空气新鲜、安全清静的环境中。

(8) 防止休克，特别是要注意保护心、肝、脑、肺、肾等重要器官功能。

2. 现场急救注意事项

(1) 选择有利地形设置急救点。

(2) 做好自身及伤病员的个体防护。

(3) 防止发生继发性损害。

(4) 应至少 2～3 人为一组集体行动，以便相互照应。

(5) 所用的救援器材需具备防爆功能。

(6) 呼吸困难时，立即给氧；呼吸停止时，立即进行人工呼吸；心脏骤停时，立即进行心脏按压。

(7) 皮肤污染时，脱去污染的衣服，用流动清水冲洗，冲洗要及时、彻底、反复多次；头面部灼伤时，要注意眼、耳、鼻、口腔的清洗。

(8) 当人员发生冻伤时，应迅速复温。复温的方法是采用 40～42℃恒温热水浸泡，使其温度提高至接近正常；在对冻伤的部位进行轻柔按摩时，应注意不要将伤处的皮肤擦破，以防感染。

（9）当人员发生烧伤时，应迅速将患者衣服脱去，用流动清水冲洗降温，用清洁布覆盖创伤面，避免伤面污染；不要任意把水疱弄破。患者口渴时，可适量饮水或含盐饮料。

四、互救时的注意事项

1. 不同区域互救注意事项

高浓度的硫化氢、一氧化碳等毒物污染区以及严重缺氧环境，必须先予通风，参加救护的人员需佩戴隔绝式防毒面具。其他毒物也应采取有效措施方可入内救助。同时，应佩戴相应的防护用品、氧气报警仪和可燃气体报警仪，所用的救援器材需具备防爆功能。

2. 急救时互救注意事项

剧毒品导致呼吸停止的，不适宜用口对口吹气，可用人工肺代替；心脏停止跳动的，立即拳击心脏部位的胸壁或作胸外心脏按压；皮肤污染时，脱去污染的衣服，用流动的清水冲洗，冲洗要及时、彻底、反复多次；头面部灼伤时，要注意眼、耳、鼻、口腔的清洗；当人员发生冻伤时，应迅速复温，复温的方法可以采用 40～42℃ 恒温热水浸泡，使其温度提高至接近正常，在对冻伤部位按摩时，应注意不要将伤处的皮肤擦破，以防止感染；当人员发生灼伤时，应迅速将患者的衣服脱去，用流动清水冲洗降温，用清洁布覆盖伤面，避免伤面污染，注意不要把水疱弄破，口渴时可适量饮水或含盐饮料。眼部滑入毒物，应立即用流动清水冲洗，或将脸部浸入满盆清水中，张眼并左右摆动头部，冲洗去毒物。

脱离污染区后，立即脱去受污染的衣物。对于皮肤、毛发甚至指甲缝中的污染，都要注意清除。

第二节　自救、互救基本技能

一、止血

由外伤引起的大出血，如不及时予以止血和包扎，就会严重威胁人的健康乃至生命。外出血的止血急救方法如下：

（一）一般止血法

针对小的创口出血，先用生理盐水冲洗，然后消毒，最后再覆盖多层消毒纱布用绷带握紧包扎。注意，如果患部有较多的毛发，如头部，在处理时应剪剃毛发。

（二）手压止血法

在出血伤口靠近心脏一侧，即近心端，找到跳动的血管，用手指、掌、拳压迫跳动的血管，达到止血目的。这是紧急的临时止血法，只适用于头面颈部及四肢的动脉出血急救，压迫时间不能过长。手压止血的同时，应准备材料换用其他止血方法。

采用此法，救护者必须熟悉各部位的血管出血的压迫点。

（1）头部出血。在伤侧耳前，用拇指压迫颞浅动脉，如图 8-2-1 所示。

（2）头颈部出血。用大拇指对准颈部胸锁乳突肌中段内侧，将颈总动脉压向颈椎。

注意不能同时压迫两侧颈总动脉，以免造成脑缺血坏死。压迫时间也不能太久，以免造成危险，如图 8－2－2 所示。

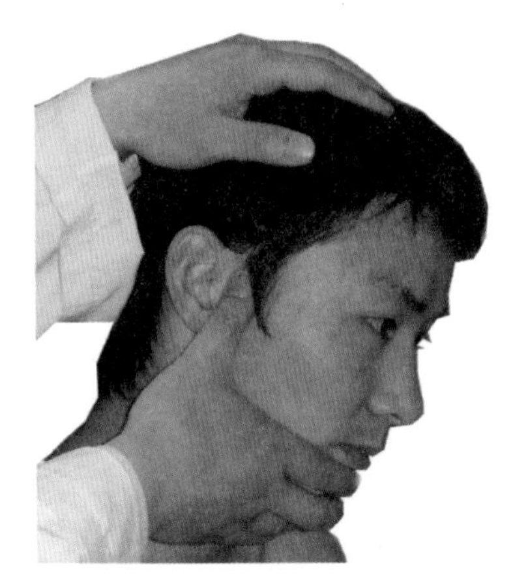

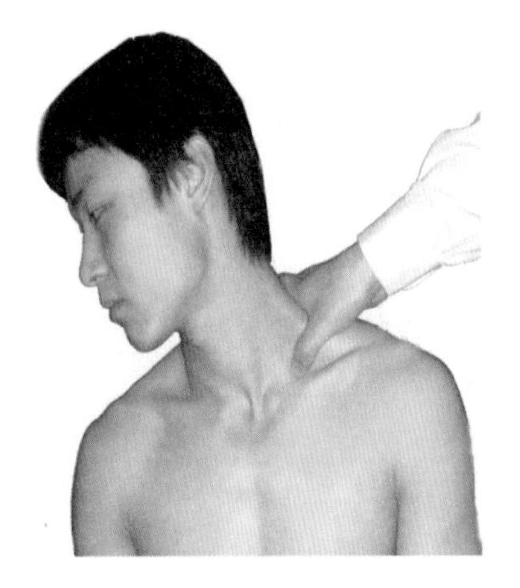

图 8－2－1 头部出血时的手压止血法　　图 8－2－2 头颈部出血时的手压止血法

(3) 上臂出血。一手抬高患肢，另一手拇指在上臂内侧出血位置上方压迫肱动脉，如图 8－2－3 所示。

(4) 前臂出血。在上臂内侧肌沟处，施以压力，将肱动脉压于肱骨上。

(5) 手掌和手背出血。将患肢抬高，用两手拇指分别压迫手腕部的尺动脉和桡动脉。

(6) 手指出血。用健侧的手指，使劲捏住伤手的手指根部两侧，即可止血。

(7) 大腿出血。屈起伤侧大腿，使肌肉放松，用大拇指压住股动脉（在大腿根部的腹股沟中点下方），用力向后压。为增强压力，另一手可重叠施压，如图 8－2－4 所示。

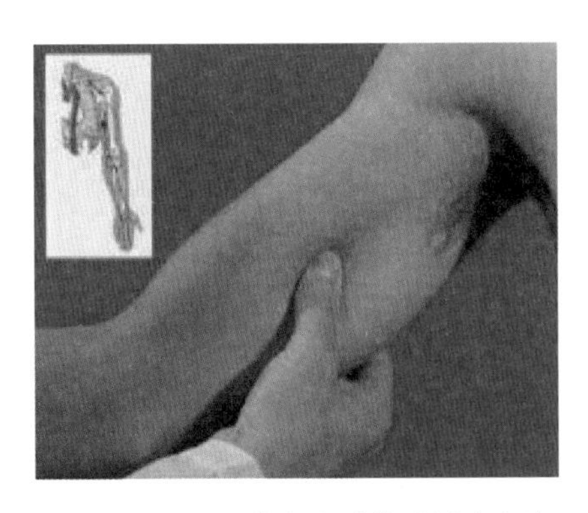

图 8－2－3 上臂出血时的手压止血法

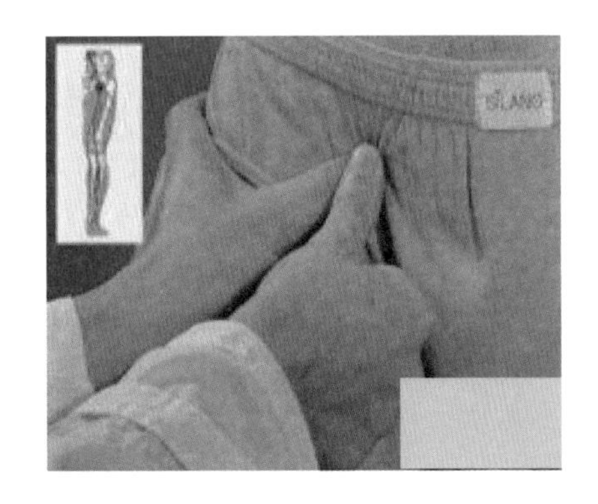

图 8－2－4 大腿出血时的手压止血法

(8) 足部出血。在内外踝连线中点前外上方和内踝后上方摸到胫前动脉和胫后动脉，用手指紧紧压住可止血，如图 8－2－5 所示。

（三）加压包扎止血法

这是一种直接压迫止血法，在伤口没有异物、骨碎片时，先将干净敷料放在伤口上，再用绷带卷、三角巾或宽布带作加压包扎至伤口不出血为止。此法应用普遍，效果也较好，但要注意加压时间不能过长，如图 8－2－6 所示。

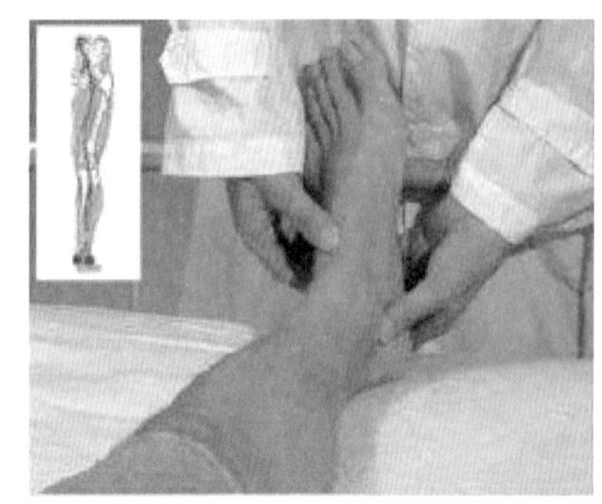

图 8-2-5 足部出血时的手压止血法

（四）屈肢加垫止血法

膝或肘关节以下部位出血，而无骨、关节损伤时适用于屈肢加垫止血法。先用一厚棉垫或纱布卷塞在腘窝或肘窝处，屈膝或肘，再用三角巾、绷带或宽皮带进行屈肢加压包扎，有骨折或关节脱位时不能用此法，如图 8-2-7 所示。

（五）绑止血带止血法

常用的止血带是 1m 左右的橡皮管。止血时掌心向上，止血带一端由虎口拿住，一手拉紧，绕肢体 2 圈，中、食两指将止血带的末端夹住，顺着肢体用力拉下，压住“余头”，以免滑脱。注意使用止血带止血要加垫，不要直接扎在皮肤上。每隔 60min 放松止血带3～5min，松时慢慢用指压法代替，如图 8-2-8 所示。

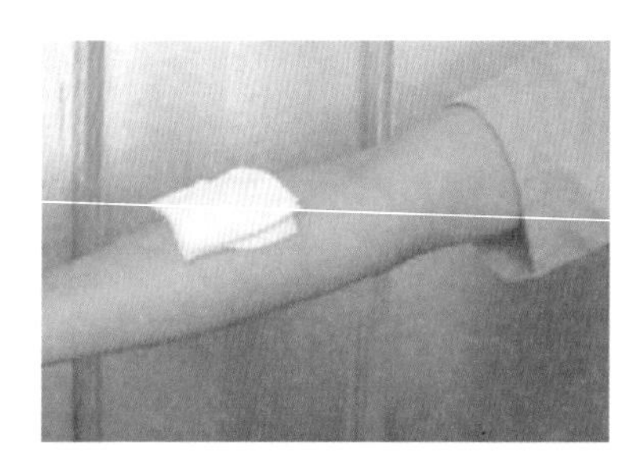
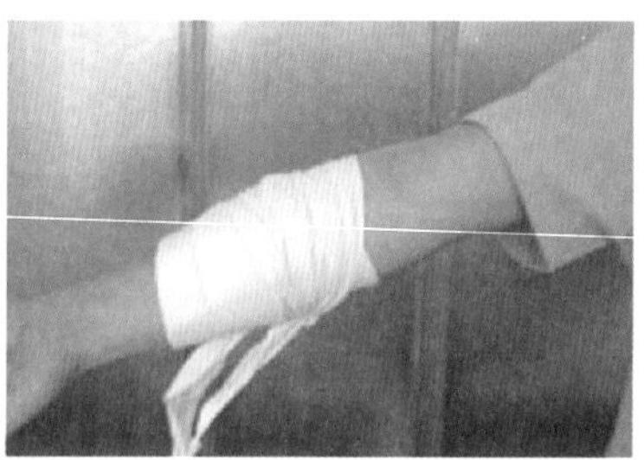

图 8-2-6 加压包扎止血法

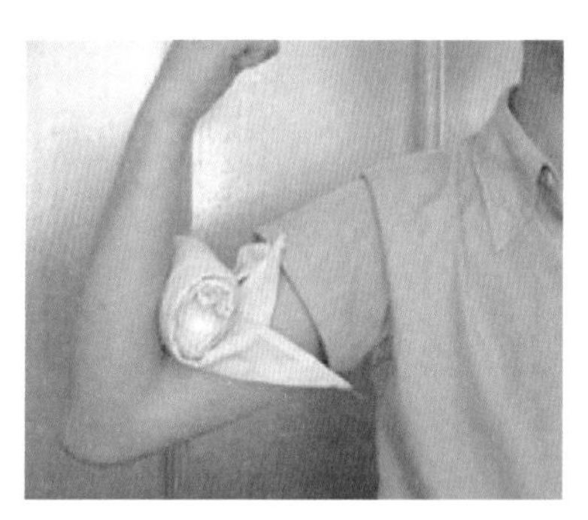
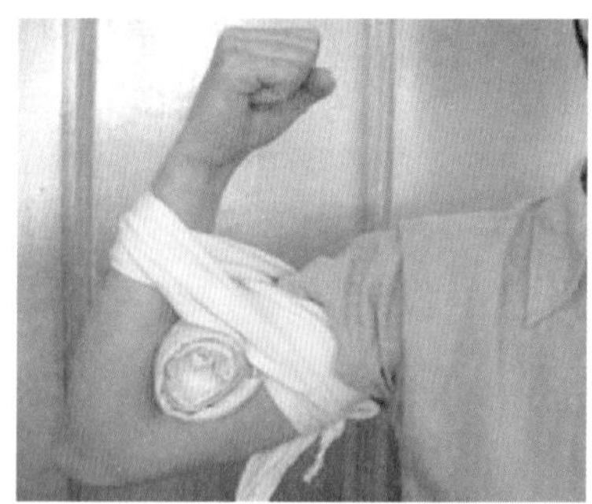

图 8-2-7 屈肢加垫止血法

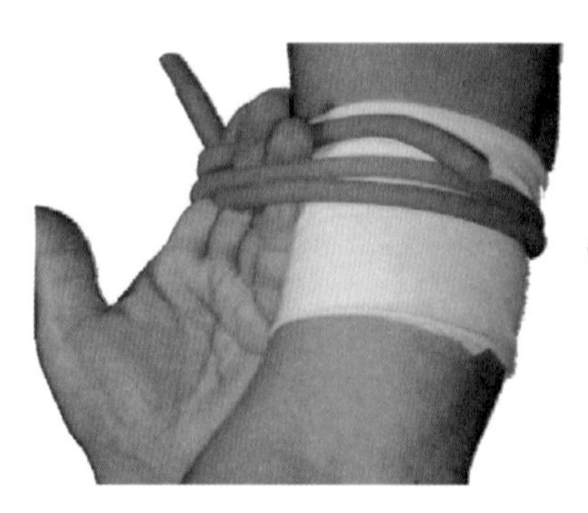
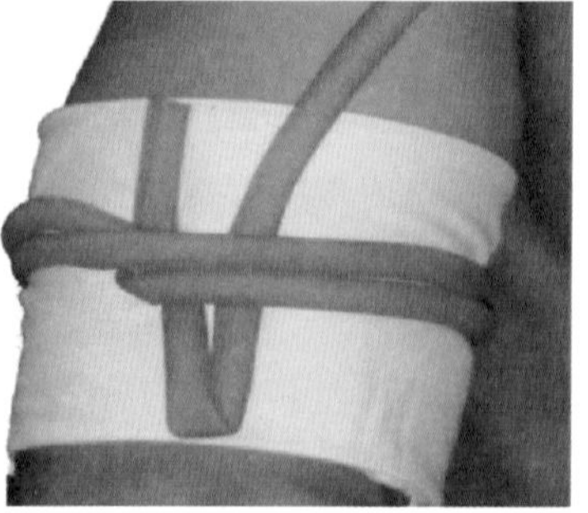

图 8-2-8 绑止血带止血法

（六）堵塞止血法

将消毒的纱布、棉垫、急救包填塞压迫在创口内，外用绷带包扎，松紧度以达到止血目的为宜。注意填塞止血法和止血粉止血法，须在备有无菌纱布和止血药粉的情况下才能使用。

二、固定

骨折是平时常见的损伤。固定技术在急救中占有重要位置，及时、正确的固定对预防休克，防止伤口感染，避免神经、血管、骨骼、软组织等再遭损伤均有极好作用。

（一）骨折的症状

（1）肢体畸形，如弯曲、旋转、缩短等。

（2）疼痛、压痛、肿胀。

（3）功能障碍，如不能站立、行走和活动。

（二）骨折固定的方法与步骤

如出现以下情况即很有可能是骨折：

（1）疼痛和压痛。受伤处有明显的压痛点，移动时有剧痛。

（2）肿胀。内出血和骨折端的错位、重叠，都会使外表呈现肿胀现象。

（3）畸形。在骨折时肢体发生畸形，呈现短缩、弯曲或者转向等。

（4）功能障碍。原有的功能受到影响或完全丧失。

（三）选取固定的材料

常用的固定材料有木制、铁制、塑料制临时夹板。现场无夹板时，可就地取材采用木板、树枝、竹竿等作为临时固定材料。如无任何物品，也可固定于伤员躯干或健肢上。

（四）骨折固定的方法要领

先止血，后包扎，再固定；夹板长短与肢体长短相对称，骨突出部位要加垫；先扎骨折上、下两端，后固定两关节；四肢露指（趾）尖，胸前挂标志，迅速送医院。

（五）锁骨骨折固定方法

1. 无夹板固定

先在两腋下各垫上一块棉垫，将三角巾折叠成4横指宽条带，以横8字形缠绕两肩，使两肩尽量往后张，胸往前挺，在背部交叉处打结固定。两肘关节屈曲，两腕在胸前交叉，再用一条三角巾，从上臂肱骨下端处绕过胸廓，两端相遇时打结，如图8－2－9所示。

2. T形夹板固定

预先做好T形夹板（直板长50cm，横板长55cm）。用T字形夹板贴于背后，在两腋下与肩胛部位垫上棉垫，再将腰部扎牢，然后固定两肩部，如图8－2－10所示。

（六）前臂骨折固定

前臂骨折固定时，必须做到肘关节屈曲成直角，腕关节稍向背屈，掌心朝向胸部。

1. 夹板固定

取两块长短适当的木板（由肘至手心），垫以柔软衬物，将两块夹板分别放在前臂掌侧与背侧（只有一块夹板时放在前臂背侧），并在手心放棉花等柔软物，让伤员握住，使腕节稍向背屈，然后，上下两端扎牢固定，再屈肘 90°，用大悬臂带吊起，如图 8-2-11 所示。

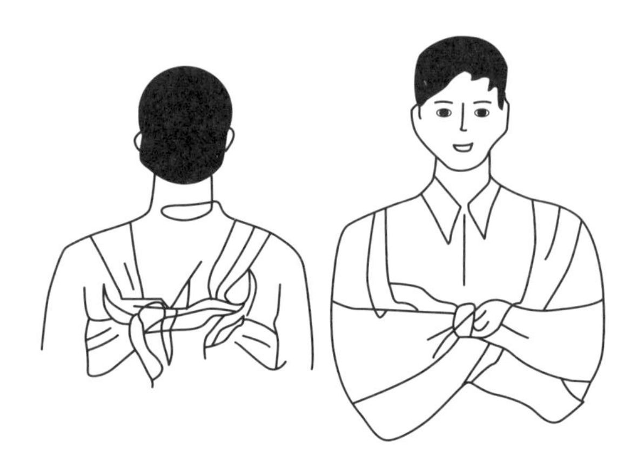

图 8-2-9 颈椎骨折的无夹板固定法

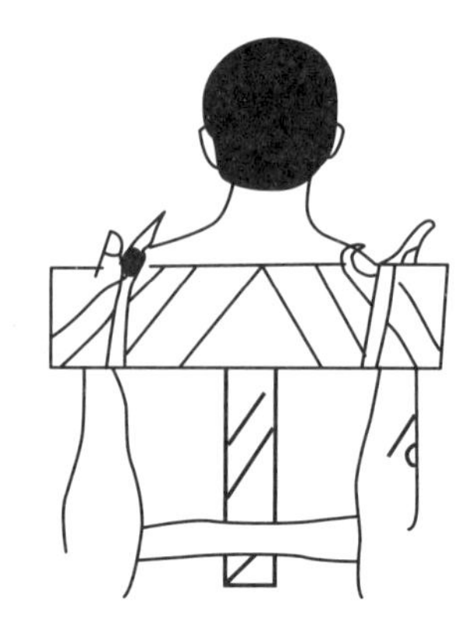

图 8-2-10 颈椎骨折的 T 形夹板固定法

2. 衣襟、躯干固定

利用伤员身穿的上衣固定。将伤臂屈曲贴于胸前，把手放在第三、第四纽扣间的前衣襟内，再将伤侧衣襟向外翻，反折上提，托起前臂衣襟角系带，拉到健肢肩上，绕到伤肢肩前与上衣的衣襟打结。无带时可在衣襟角剪一小孔，挂在第一、第二纽扣上，再用腰带或三角巾经肘关节上方绕胸部一周打结固定，如图 8-2-12 所示。

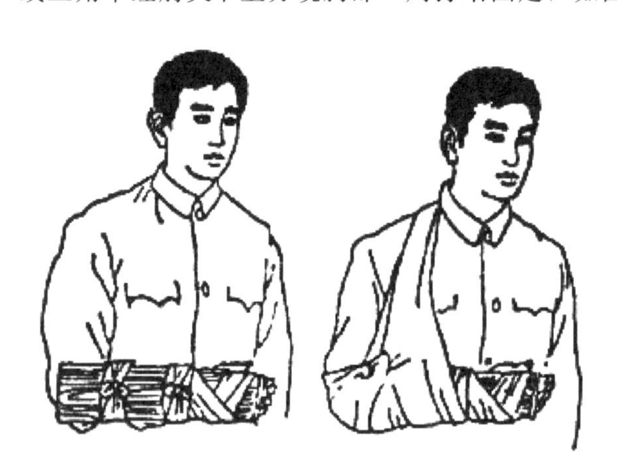

图 8-2-11 前臂骨折夹板固定法

图 8-2-12 前臂骨折衣襟躯干固定法

（七）肱骨骨折固定

肱骨骨折固定时，要达到肘关节屈成直角，肩关节不能移动。

1. 夹板固定法

用木夹板两块置于上臂内、外侧（如只有一块夹板时则放在上臂外侧），用绷带或三角巾将上下两端扎牢固定，肘关节屈曲 90°，前臂用小悬臂带吊起，如图 8-2-13 所示。

2. 躯干固定法

现场无夹板时，可用三角巾躯干固定。三角巾折成 10～15cm 宽（将三角巾叠成三折的宽带，其中央要正对骨折处）的带子，将上臂固定在躯干上，屈肘 90°，再用小悬臂带将前臂悬吊胸前。

图 8-2-13 肱骨骨折夹板固定法

（八）股骨（大腿）骨折固定

1. 夹板固定

伤员仰卧，伤腿伸直，用两块夹板放于大腿内、外侧。外侧由腋窝到足跟，内侧由腹股沟到足跟（只有一块夹板则放到外侧），将健肢靠向伤肢，使两下肢并列，两脚对齐。关节及空隙部位加垫，用五至七条三角巾或布带将骨折上下两端先固定，然后分别在腋下，腰部及膝、踝关节等处扎牢固定。此外，固定时必须使脚掌与小腿呈垂直，用 8 字形包扎固定。同时，应脱去伤肢的鞋袜，以便随时观察血液循环，如图 8-2-14 所示。

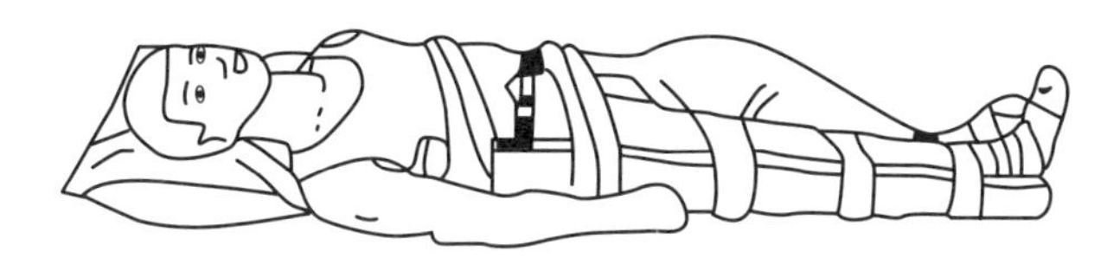
图 8-2-14 股骨（大腿）骨折夹板固定法

2. 健肢固定

无夹板时，可用三角巾、腰带、布带等把两下肢固定在一起，两膝和两踝之间要垫上软性物品。

（九）小腿骨折固定

1. 夹板固定

用两块由大腿中段到脚跟长的木板加垫后，放在小腿的内侧和外侧（只有一块木板时，则放在外侧），关节处垫置软物后，用五条三角巾或布带分段扎牢固定。首先固定小腿骨折的上下两端，然后依次固定大腿中部、膝关节、踝关节并使小腿与脚掌呈垂直，用 8 字形固定，如图 8-2-15 所示。

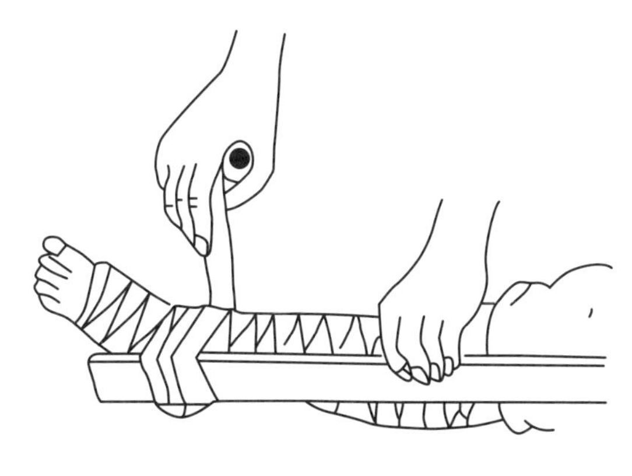
图 8-2-15 小腿骨折夹板固定法

2. 健肢固定

方法与股骨（大腿）骨折固定法相同。

（十）肋骨骨折固定

因肋骨长而细，很容易折断，可采用宽带固定法或多头带固定法进行固定。先在胸部骨折处垫些棉花，在受伤者呼气状态下用宽绷带围绕胸部紧紧地包扎起来，固定胸壁。用大悬臂带扶托伤侧上肢。

（十一）脊柱骨折固定法

脊柱骨折后，不能轻易移动伤员，应依照他伤后的姿势作固定。俯卧时，以工字方式将竖板紧贴脊柱，将两横板压住竖板分别横放于两肩上和腰骶部，在脊柱的凹凸部加上软物品，先固定两肩并将三角巾的末端打结胸前，然后再固定腰骶部。

伤员仰卧时，如不需搬动，可在腰下、膝下、足踝下及身旁放置软垫固定身体位置，如图 8－2－16 所示。

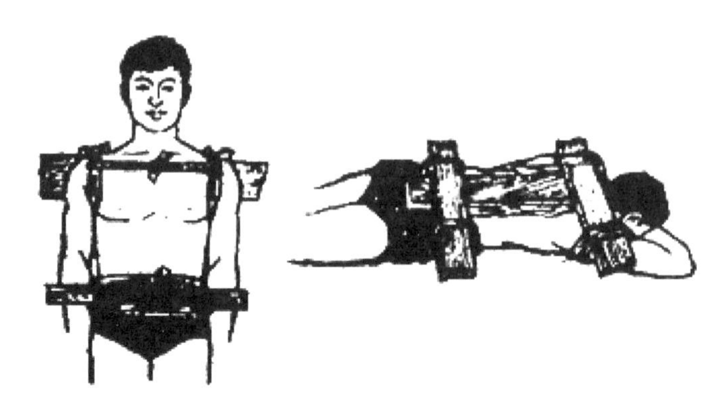

图 8－2－16 脊柱骨折固定法

三、转运

互救转运时因现场缺少器材，应因地制宜，就地取材，根据伤情采取不同的转运方法，千万不要因转运不当加重损伤。

（一）单人转运法

1. 扶行法

扶行法适用于在有人帮助下能自己行走的患者。救护者将患者的一侧手臂搭在自己的肩上，用一只手握住患者的手，另一只手扶着患者的腰帮助患者移动到安全地点，如图 8－2－17 所示。

2. 背负法

背负法适用于体型较小，体重较轻，清醒的，能够趴在救护者背上的患者，如图 8－2－18 所示。救护者弯腰，背对着患者将患者的双臂放到自己的胸前，用双手握住患者的双腕慢慢站起将患者背在背上。

图 8－2－17 伤员单人转运（扶行法）

图 8－2－18 伤员单人转运（背负法）

3. 拖行法

拖行法适用于不能站立，又必须从危险环境中尽快转移的患者。救护者抓住患者颈部两侧的衣服，拖拽时用患者的衣服和救护者的双手兜着患者的头部。救护者抓住患者的双肩，拖拽时用双前臂兜着患者的头部，如图 8-2-19 所示。一般轻伤者可以采用这种方法转运，但要注意看伤者的脊椎是否有损伤。

4. 手抱法

手抱法适用于体重轻的成人或儿童，且没有严重的外伤和脊柱损伤。救护者将一只手放到患者的双膝下面，另一只手放到患者的后背和腋下，将患者抱起，如图 8-2-20 所示。

图 8-2-19　伤员单人转运（拖行法）

图 8-2-20　伤员单人转运（手抱法）

（二）双人转运法

1. 四手坐抬法

这是小时候玩过家家的一种游戏方法，四手坐抬法适用于清醒的患者，能够用手臂配合救护者搬运。

两名救护者面对患者分别站在患者两侧，并分别用右手抓住自己左手的手腕，再用左手抓住对面救护者的右手手腕，形成一个“座位”，然后蹲在患者的后面，让患者将双侧手臂扶在两名救护者的肩上，然后坐稳在“座位”上，两名救护者同时站起，行进时先同时迈出前面的脚，侧身前行，保持平稳。

2. 椅子转运法

椅子转运法适用于处于坐位或半卧位的患者，如心绞痛、心肌梗死、肋骨骨折等患者。

转运时患者坐在椅子上，可用宽带将其固定在椅背上，两个救护者一人抓住椅背，另一人抓住椅腿，将椅子稍向后倾斜，然后转运。

3. 双人拉车法

双人拉车法适用于意识不清且没有脊柱或腿部损伤的伤病者。

一名救护者站在患者的背后将两手从患者腋下穿过，把患者两前臂交叉于胸前，再抓住患者的手腕，把患者抱在怀中，另一救护者反身站在患者两腿中间将患者两腿抬起两名救护者一前一后行走。

（三）三人平托式转运法

三人平托式转运法适用于脊柱骨折的患者。

两名救护者站在患者的一侧，分别站在肩、腰、臀部、膝部，第三名救护者可站在同侧，在患者的臀部，两臂伸向患者臀下，三名救护者同时单膝跪地，分别抱住患者肩、后背、臀、膝部，然后同时站立抬起患者。

（四）多人转运法

患者两侧各站数人，间隔平均，手掌向上，用手臂的力量，共同将患者抬起。

第三节 心 肺 复 苏

一、心肺复苏急救适用情况

伤员脱离危险环境后，医疗人员未到来前，互救人员应针对心跳、呼吸停止和意识丧失的伤员采取心肺复苏急救。心肺复苏法方法只适合对确无心跳、呼吸，对喊话和轻摇均无反应的伤员实施。

二、心肺复苏急救步骤

（1）意识的判断。用双手轻拍病人双肩，问："喂！你怎么了?"观察病人有否反应。

（2）检查呼吸。观察病人胸部起伏5～10s（1001、1002、1003、1004、1005、……），观察病人有否呼吸。

（3）呼救。来人啊！打120！协助抢救！

（4）判断是否有颈动脉搏动。用右手的中指和食指从气管正中环状软骨划向近侧颈动脉搏动处，观察病人脉搏有无搏动（数1001、1002、1003、1004、1005、……，判断5s以上10s以下）。

（5）松解衣领及裤带。

（6）胸外心脏按压。在两乳头连线中点（胸骨中下1/3处），用左手掌跟紧贴病人的胸部，两手重叠，左手五指翘起，双臂伸直，用上身力量用力按压30次（按压频率至少为100次/min，按压胸骨下陷深度至少5cm）。

（7）打开气道。仰头抬颌法，清除口腔内分泌物、假牙等异物。

（8）人工呼吸。在保持患者仰头抬颌前提下，施救者用一手捏闭鼻孔（或口唇），然后深吸一大口气，迅速用力向患者口（或鼻）内吹气，然后放松鼻孔（或口唇），每次吹气间隔1.5s，在这个时间抢救者应自己深呼吸一次。或用简易呼吸器，一手以"CE"手法固定呼吸器，一手挤压简易呼吸器，每次送气400～600mL，频率为10～12次/min。

（9）持续2min的高效率的心肺复苏（CPR）。以心脏按压：人工呼吸＝30：2的比例进行，操作5个周期。

（10）判断复苏是否有效。听是否有呼吸音，同时触摸是否有颈动脉搏动。

（11）整理病人，进一步生命支持。

复习思考题

1. 什么是自救？现场自救的方法有哪些？

2. 什么是互救？实施互救时做好哪几方面的工作？

3. 化学事故现场急救的一般救治原则是什么？现场急救的注意事项是什么？

4. 互救时注意事项有哪些？

5. 止血的基本方法有哪些？

6. 如何在事故现场对骨折伤员先进行简单的固定？

7. 如果你独自一人首先在事故现场发现一名伤员，你如何将其转运到安全区域？

8. 如果有两名救援队员同时在事故现场发现一名伤员，你们将如何将其转运到安全区域？

9. 如果有三人以上救援队员在事故现场发现一名伤员，你们如何将其转运到安全区域？

10. 伤员脱离危险环境后，医疗人员未到来前，互救人员应在什么情况下实施心肺复苏急救？

11. 心肺复苏法的基本步骤是什么？

第九章

化学事故与电力应急响应

第一节 概 述

重大危险化学品事故发生后，极易引发大规模停电事故甚至电网瓦解，对社会的影响非常大。为及时有效地开展应急救援和生产恢复工作，电力应急响应在化学应急救援体系中占有非常重要的地位。根据现行国家制度要求，重大事故发生后，当地政府应立即启动应急预案，组织应急救援，救援力量涉及安全、公安、消防等专业应急队伍，也会涉及到卫生、环保、电力等服务性辅助应急救援队伍。化学专业性应急队伍及消防应急队伍对危险化学品事故平时都经过专业学习与训练，救援也有其特定的程序和措施，防护器材配备到位，应急救援时可以快速采取相对应的有效措施，避免事故现场各种不利因素带来的伤害。但电力应急响应队伍平时掌握的化学品知识相对较少，对危险化学品事故了解少，对其危险性认识不足，缺乏相关应对经验，对化学防护用品不熟悉，在第一时间赶到事故现场，执行现场勘察、人员救护、技术指导、现场临时指挥、应急供电和照明、特殊环境抢修保障和通信保障等先期处置工作时，极有可能造成被现场环境伤害。了解和掌握一些危险化学品应急救援知识内容，对于电力应急队伍来说是当下“大应急”的需要，也是实现“招之能来、来之能战、战之能胜”的前提保障。

前面的章节对化学品事故的特性已进行了叙述，不再重复，本章主要讲述化学品事故与电力应急的联系，危险化学品事故的一般处置措施及危险现场区域划分方法，化学品事故下电力应急需要遵循的原则和程序等。

第二节 化学工业密集区电力应急预案

一、化学工业密集区

1. 化学工业密集区的特点

化学工业密集区是指大规模的化学工业生产、储存、运输形成片状分布的区域，如集中部署的化学工业园区、炼化一体型企业区、大型化学品仓储转运基地等。在沿海省份，如山东省、江苏省都建有化学工业园区，除大型企业有自备发电厂外，大多数园区都是由公用供电电网来供电的。

化工企业是用电大户，而且对电力稳定性要求很高，因为化工装置如果停电，很有可能会引发化学事故。如2001年5月，位于美国加利福尼亚州的General Chemicals公司的Richmond工厂在正常生产的过程中，由于一辆卡车将电线杆撞倒，造成停电，致使整个工厂全部停工。紧接着，二氧化硫和三氧化硫从一台锅炉的排烟烟道中泄漏出来。稍后不久，在供电恢复后，锅炉排烟烟道保持负压的汽轮机却无法迅速重新启动，后来发现是一台自动调节阀出现了故障。事故发生的过程中，工厂周围的居民都被通知留在室内，有50～100人因为事故寻求医疗救护。

从案例来看，无论停电的原因是什么，停电若不能及时恢复则有可能引发化学事故，因此，为避免引发连锁性事故就必须提高电力应急响应能力。基于安全应急理论和规律，对化学品事故外力下的电力应急响应，还应从对化学工业密集区电力应急准备工作入手。

2. 化学工业密集区电网的分布与走向

兵法说：“知己知彼、百战不殆”，同样也适用于电力应急响应，掌握所辖范围内的电网分布与走向属于“知己”的一个重要组成部分，依据电网分布、走向与化学工业密集区的地理位置及距离关系，进行风险评估，按风险高低分等级管理，对于高风险区域的电网系统给予重点关注。

3. 化学工业密集区各单位有毒有害物质的分布

了解化学工业密集区各单位有毒有害物质分布情况，是“知彼”的过程，是应急准备的需要。首先，应了解各化工单位重大危险源与电网设施的距离；其次，应了解化工危险源的种类、数量；第三，应了解危险货物运输路线与装卸站点情况。以上内容一是可以通过安全监督管理局的危险化学品安全监管平台获得；二是可以通过与用户签订外力破坏下的电力应急响应协议获得；三是可以通过下发调查问卷获得。无论采取哪种途径和方法，获得的内容应尽可能翔实，具备风险评估要求。电网周边危化风险因素调查表样式如图 9－2－1 所示。

电网周边危化风险因素调查表

编号：________　　　　调查日期：____年____月____日

人员：________

变配电站（所）		所处地形：		常年主导风向：
名称：	编号：	经度；	纬度：	地形：
生产装置：		所属单位：		生产类别：
相对位置：	实测距离/m：	标准要求/m：		主要物料：
物料量：	物料性质：			
风险分析：	发生可能性：	人员伤害类型：	财产破坏类型：	事故同时发生的可能性：
储存装置：		所属单位：		储存类别：
相对位置：	实测距离/m：	标准要求/m：	储罐数量：	储存介质：
介质储量：	介质性质：			
风险分析：	发生可能性：	人员伤害类型：	财产破坏类型：	事故同时发生的可能性：
物料管线：		所属单位：		输送介质：
管线直径：	输送量：	介质性质：		
相对位置：	实测距离/m：	标准要求/m：		
风险分析：	发生可能性：	人员伤害类型：	财产破坏类型：	事故同时发生的可能性：
移动源：		道路名称：		运输密度（危化车辆）：
相对位置：	实测距离/m：	标准要求/m：	运输量最大介质：	介质性质：
风险分析：	发生可能性：	人员伤害类型：	财产破坏类型：	事故同时发生的可能性：

图 9－2－1　电网周边危化风险因素调查表样式

4. 针对化学事故外力下的电力应急预案

应急预案又称应急计划，是针对可能的重大事故（件）或灾害，为保证迅速、有序、有效地开展应急与救援行动、降低事故损失而预先制定的有关计划或方案。它是在辨识和评估潜在的重大危险、事故类型、发生的可能性及发生过程、事故后果及影响严重程度的基础上，对应急机构职责、人员、技术、装备、设施（备）、物资、救援行动及其指挥与协调等方面预先做出的具体安排。应急预案明确了在突发事故发生之前、发生过程中以及刚刚结束之后，谁负责做什么，何时做，以及相应的策略和资源准备等，是及时、有序、有效地开展应急救援工作的重要保障。

依据《中华人民共和国安全生产法》《中华人民共和国电力法》《国家突发公共事件总体应急预案》和《国家大面积停电事件应急预案》，电网应急机构应对化学工业密集区制定针对化学事故外力下的电力应急预案，并进行培训和演练。培训可以让应急响应人员熟悉自己的责任，具备在化学事故外力下完成指定任务所需的相应技能；演练可以检验预案和行动程序，并评估应急人员的技能和整体协调性。这样有利于化学事故外力下电力应急做出及时的应急响应，可以指导应急救援迅速、高效、有序地开展，快速恢复电力，将事故的人员伤亡、财产损失、环境破坏降到最低限度。

二、需要启动电力应急的几种化学品事故情形

1. 化学事故外力导致的大面积停电

因化学事故导致的大面积停电是指化学事故中由于爆炸冲击波或火焰烘烤，导致事故单位内部线路和变配电设施损坏，继而波及周边电网，造成局部区域电网供电中断的情形。如天津港“8·12”爆炸事故造成天津滨海新区220kV 鄱泰一二线约2000m导线严重损伤。事故发生后，天津电力派出200名供电抢修人员、30台抢修车辆，携带5台发电车、1台大型照明车、10台自发电照明车到达事发区域。电力方面除对全市接洽伤员的36家医院开展全面保电工作外，还有6辆保电车进驻滨海新区政府、临时指挥部等地，并配备10余个高杆灯，为抢险队伍提供照明保障。

2. 化学事故外力导致的局部线路停电

导致局部线路停电的事故是指事故单位内，因事故造成电力设施受损导致的停电。此类停电对其他方面影响不大，但考虑应急救援抢险需要，往往也需要启动电力应急响应。

3. 化学事故外力影响到变配电站（所）、线路安全

因化学事故影响到变配电站（所）、线路安全是指某起事故的发生尚未对电力设施形成破坏的事实，但事故若持续发展极可能造成电力设施的损坏，造成电网中断的情形。如日照“7·15”石大科技火灾爆炸事故，×××线距石大科技围墙仅××m，如果发生持续爆炸，爆炸碎片和冲击波很可能对电力输送线路造成损伤。

4. 化学事故现场需要应急救援

事故指挥部根据现场需要调集电力、医疗等服务性队伍到场，也是化学事故现场应急响应常见的情形。

三、化学事故现场紧急救援注意事项

以上是化学事故现场需要启动电力应急响应的情形，但无论哪种情形下的启动，均需要注意以下事项：

（1）进入现场前应了解事故现场危害。

（2）个人防护装备应携带齐全完好。

（3）对于可燃物污染区域避免出现点火源，同时注意检测可燃物浓度，达到可燃物爆炸下限的60%时，如不确认污染区内引火源情况，应注意撤离非必要作业人员。

（4）非工作需要不要进入事故现场中度区域以内，即使是在佩戴个人防护用品时也应如此。

总之，救援人员需要了解危化专业应急队伍事故处置的一般措施，以便进行事故现场观察判断。

第三节 危险化学品事故的一般处置措施

一、危险化学品事故的主要类型

危险化学品事故主要有泄漏、火灾（爆炸）、灼伤等几类。针对事故不同类型，救援时的应对措施和处置程序也稍有差异，但主要措施包括灭火、点火、隔绝、堵漏、拦截、稀释、中和、覆盖、泄压、转移、收集等内容。电力应急响应任务主要是满足现场用电需求，对专业处置措施学习的目的如下：一是可以熟悉专业队伍现场处置流程与步骤，二是可以提高化学品事故现场下电力应急队伍与其他应急队伍应急响应时的协同能力。

二、危险化学品泄漏事故现场的处置措施

1. 基本要求

（1）进入泄漏现场进行处理时，应注意安全防护。进入现场救援人员必须配备必要的个人防护器具。

（2）如果泄漏物是易燃易爆的，事故中心区应严禁火种，必须切断电源，禁止车辆进入，立即在边界设置警戒线。根据事故情况和事故发展，确定事故波及区人员的撤离。

（3）如果泄漏物是有毒的，应使用专用防护服、隔绝式空气防护面具。立即在事故中心区边界设置警戒线，根据事故情况和事故发展，确定事故波及区人员的撤离。为了在现场能正确使用和适应，平时应进行严格的适应性训练。

（4）应急处理时严禁单独行动，要有监护人，必要时用水枪、水炮掩护。

2. 泄漏源控制措施

（1）关闭阀门、停止作业或改变工艺流程、物料走副线、局部停车、打循环、减负荷运行等。

（2）堵漏。采用合适的材料和技术手段堵住泄漏处。

3. 泄漏物处理方法

（1）围堤堵截。筑堤堵截泄漏液体或者引流到安全地点。贮罐区发生液体泄漏时，要及时关闭雨水阀，防止物料沿明沟外流。

（2）稀释与覆盖。向有害物蒸气云喷射雾状水，加速气体向高空扩散。对于可燃物，也可以在现场施放大量水蒸气或氮气，破坏燃烧条件。对于液体泄漏，为降低物料向大气

中的蒸发速度，可用泡沫或其他覆盖物品覆盖外泄的物料，在其表面形成覆盖层，抑制其蒸发。

（3）收容（集）。对于大型泄漏，可选择用隔膜泵将泄漏出的物料抽入容器内或槽车内；当泄漏量小时，可用沙子、吸附材料、中和材料等吸收中和。

（4）废弃。将收集的泄漏物运至废物处理场所处置。

（5）洗消。用消防水冲洗剩下的少量物料，冲洗水排入污水系统处理。

三、危险化学品火灾事故现场的处置措施

1. 危险化学品火灾事故现场处置基本原则

（1）先控制，后消灭。针对危险化学品火灾的火势发展蔓延快和燃烧面积大的特点，积极采取统一指挥、以快制快，堵截火势、防止蔓延，重点突破、排除险情，分割包围、速战速决的灭火战术。扑救人员应占领上风或侧风阵地。

（2）进行火情侦察。应迅速查明燃烧范围、燃烧物品及其周围物品的品名和主要危险特性、火势蔓延的主要途径，燃烧的危险化学品及燃烧产物是否有毒。

（3）对火灾扑救、火场疏散人员应有针对性地采取自我防护措施，如佩戴防护面具，穿戴专用防护服等。

2. 正确选择适合的灭火剂和灭火方法

（1）火势较大时，应先堵截火势蔓延，控制燃烧范围，然后逐步扑灭火势。

（2）对有可能发生爆炸、爆裂、喷溅等特别危险需紧急撤退的情况，应按照统一的撤退信号和撤退方法及时撤退。撤退信号应格外醒目，能使现场所有人员都看到或听到，并应经常演练。

3. 火灾扑灭后的工作

（1）火灾扑灭后，仍然要派人监护现场，消灭余火。

（2）起火单位应当保护现场，接受事故调查，协助公安消防监督部门和上级安全管理部门调查火灾原因，核定火灾损失，查明火灾责任，未经公安监督部门和上级安全监督管理部门的同意，不得擅自清理火灾现场。

四、危险化学品爆炸事故现场的处置措施

1. 危险化学品爆炸事故现场处置基本原则

（1）确定爆炸发生位置、引起爆炸的物质类别及爆炸类型（物理爆炸、化学爆炸），初步判断是否存在二次爆炸的可能性。

（2）对于物理爆炸，重点关注爆炸装置的工作温度、压力及相邻装置的运行情况，谨防相邻装置二次爆炸。

（3）对于化学爆炸，须关注现场点火源的情况。

2. 现场警戒

（1）治安疏导组要确定警戒范围，隔离外围群众，疏散警戒范围内的群众，禁止无关人员进入现场，提前引导无关车辆绕行。

（2）如果有易燃物质，则应注意消除火源。在警戒区内停电、停火，消除可能引发火

灾和爆炸的火源。

3. 处置措施

(1) 危险化学品抢险救灾组在进入危险区前宜用水枪将地面喷湿，防止摩擦、撞击产生火花，要特别注意避免泄漏的易燃液体随水流扩散。

(2) 调集相应的公安消防队伍、专家、专业应急救援队伍、企业应急救援队伍等救援力量赶赴现场。

(3) 如果是化学爆炸，环境气象监测组要加强监测事故现场的易燃易爆气体浓度及气象条件。

(4) 技术专家组根据现场气体浓度及爆炸源的情况确定是否有二次爆炸的危险，确定应采取的处置措施。

(5) 制订救援方案并组织实施。

(6) 现场指挥部根据现场事态的发展及时调整救援方案，并及时将现场情况报应急指挥部。

五、危险化学品事故救援时的区域划分

1. 可燃气体泄漏区域划分

在可燃气体或可燃液体泄漏事故现场，按事故性质应对区域划分严格控制，主要划分为爆炸区、缓冲区、警戒区域三个部分，如图 9-3-1 所示。

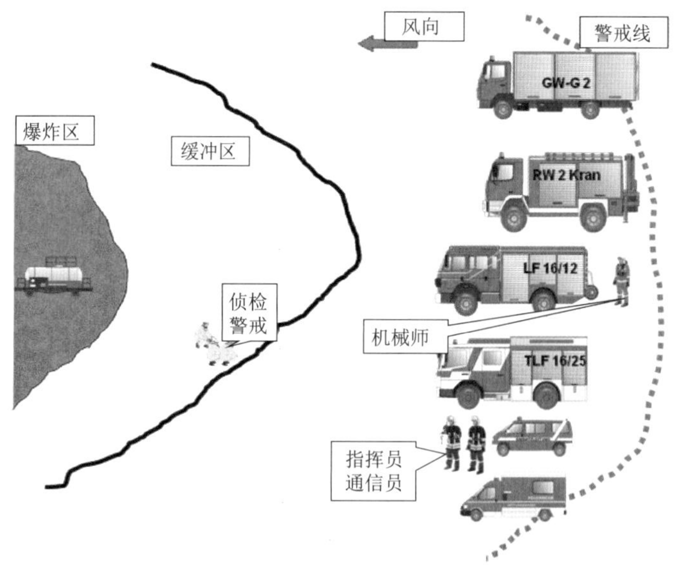

图 9-3-1 可燃气体泄漏区域划分示意图

2. 有毒气体泄漏区域划分

在有毒气体或液体泄漏事故现场，根据气体或蒸气浓度对生物造成危害程度的不同来划分区域，可以划分为重度区、中度区、轻度区三个区域，如图 9-3-2 所示。

3. 注意事项

(1) 轻度区域边界以略高于车间最高允许浓度值为依据，在此区域若无防护，有轻度

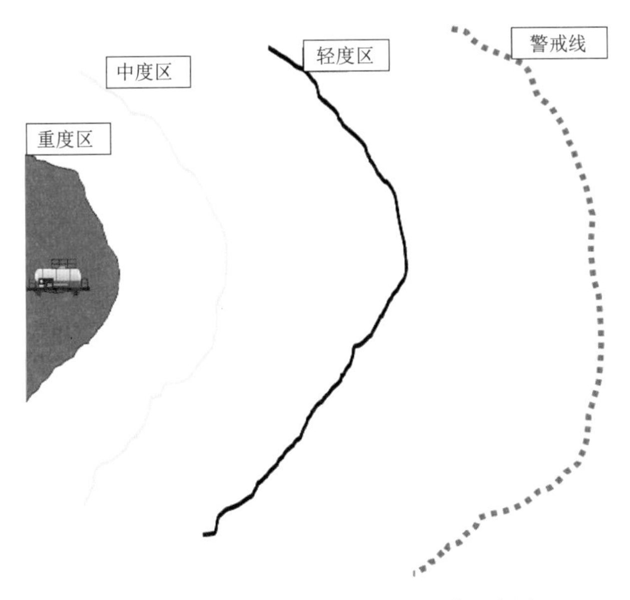

图 9-3-2 有毒气体泄漏区域划分示意图

刺激，可较长时间活动，一般治疗后可康复。

(2) 中度区域边界可以依据 IDLH 浓度的 50％或 LC_{50} 值的 30％界定，在此区域人员若无防护，有较严重症状，及时治疗无生命危险。救援人员需佩戴防毒面具，可不穿防毒衣。

(3) 重度区域边一般以 IDLH 浓度或 LC_{50} 值界定，在该区域的人员若无防护，则会有严重症状，若不紧急救治就会有生命危险。有呼吸、皮肤防护的有关人员才能进入该区。

第四节　危险化学品事故处置指挥系统和应急响应须知

一、危险化学品事故处置指挥系统

1. 我国化学事故救援工作回顾

在我国化学工业建设的初期，已经开始了化学事故救援工作，不过那时仅仅是以抢救伤员为主，各大化工企业相继建立了职业病防治所，随后有些省、自治区和直辖市也相继设立了化工职业病防治所。1996 年，原化学工业部与国家经贸联合组建了化学事故应急救援系统，该系统由化学事故应急救援指挥中心办公室和 8 个化学事故应急救援抢救中心等组成。2001 年初，国家安全生产监督管理局成立后，根据国务院赋予的“组织、指导和协调化学事故应急救援工作”这项职责，即着手建立我国化学事故应急救援体系。这项工作要求对现有的应急救援资源进行调整和优化，有选择、分区域建立若干个基地，配备必要的现代化装备，加强人员的技能训练，对特大事故能够及时实施有力的救援和处理，从而把事故损失减小到最低程度。

2. 我国化学事故救援工作进入新时代

2018年3月17日，全国人大表决通过了国务院机构改革方案，3月21日，中共中央印发了《深化党和国家机构改革方案》，标志着国家应急管理部成立。新组建的应急管理部门整合了10个不同部门的职责和5支应急救援队伍，这也预示着应急管理向着更加专业化和职业化的道路发展。应急管理按照分组负责的原则，一般性灾害由地方各级政府负责，应急管理部代表中央统一响应支援，发生特别重大灾害时，应急管理部作为指挥部，协助中央指定的负责同志组织应急处置工作，保证政令畅通、指挥有效。

目前，我国危险化学品事故处置应急救援指挥系统如图9-4-1所示。

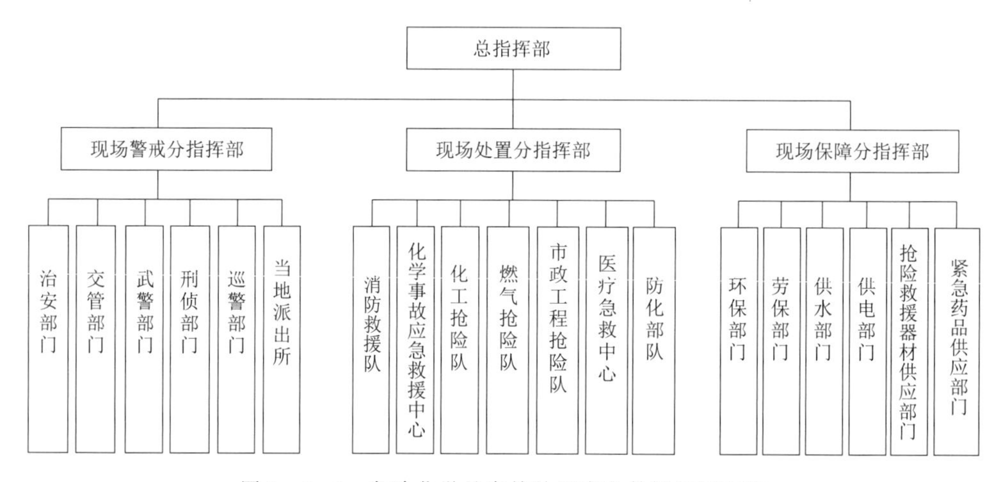

图9-4-1 危险化学品事故处置应急救援指挥系统

二、化学事故应急响应须知

随着石油化工行业的迅猛发展，截至2015年年底，全国有危险化学品企业近29万家（其中生产企业1.8万家，经营企业26.5万家，储存企业0.55万家），从业人员近千万人，陆上油气输送管道总里程超过12万km。化学品事故呈高发态势，其中，2010—2015年，全国共发生石化火灾事故2219起，死亡25人，受伤58人，直接经济损失达1.4亿元。而未来一段时间化学事故风险仍处于高发期，因为一是上世纪建成投产的石化装置已运行多年，由于设备老化等原因，安全风险加大；二是危险化学品知识普及不够，公众对危险化学品的科学认知不足。危险化学品生产安全事故发生突然，危害大，影响广，一旦发生，在新媒体的快速传播下，给公众带来较大的心理冲击。

面对化学事故高发的预期，化学事故应急救援服务则需要做好准备。化学事故发生后，当地政府会立即启动相关应急预案对事故进行响应，以避免损失扩大化。响应中需要专业的化学应急救援队伍参加，也需要医疗、电力等后勤保障队伍参与。后勤保障人员专业分工不同，接触化学品事故较少，应对化学事故服务处置知识及经验相对薄弱，自身防护器材配备也可能不足。从“知己知彼，百战不殆”的兵家理论来看，电力应急人员学习掌握一定的危险化学品应急知识是当前化学行业高速发展和“大应急”发展的必然趋势。

1. 化学品事故现场的潜在危险

化学事故的发生往往会有毒物经大量排放或泄漏后，污染空气、水、地面和土壤或食物，因而经呼吸道、消化道、皮肤或黏膜进入人体，引起群体中毒甚至死亡的事故。化学事故是一种或多种物质释放的意外事故或危险事件，具有明显的社会性、突发性和危害性等。

化学品多数具有易燃、易爆、有毒、有腐蚀性等特性，正常生产、储存或运输等状态下，其被限定在一定的工艺流程、储罐或容器中，不会对环境、人员等产生危害，而事故状态下化学品失去了正常控制和约束，形成危险环境。在危险环境中不但空气、水、地面和土壤受到污染，而且易导致下列事故。

（1）人员中毒。如1979年9月7日，浙江省温州电化厂发生氯气钢瓶爆炸事故，导致41人死亡，779人中毒。这类事故中的化学品多为刺激性气体、窒息性气体和易挥发性有机溶剂、农药等物质，但其基本条件是毒物易弥散，一旦失控极易散发。从以往案例来看，这类事故多集中在氯气、氨气、氮氧化物、二氧化碳、硫化氢、硫酸二甲酯、光气等物质上。

（2）爆炸和燃烧。这类事故多发生在生产或储存单位，多由生产设备或储存容器发生泄漏后引发爆炸，如1989年8月29日，辽宁本溪市某化工厂聚氯乙烯车间设备人孔和轴处大量泄漏，引起爆炸燃烧，导致12人死亡，5人受伤。也存在爆炸导致可燃物质泄漏增加从而引发二次、甚至三次爆炸的现象。造成此类问题的原因有设计缺陷、设备缺陷，也有管理问题。需要救援人员高度注意的是可能有再次爆炸的发生。

2. 化学事故现场危害辨识与评估的基本要求

化学事故常见为火灾（爆炸）、泄漏、灼伤（中毒）三种形式，很多事故三种形式会混合存在，无论哪种形式的出现，事故现场都会存在有毒有害物质。复杂现场可能存在多种有毒有害物质，多种危害，需要现场救援人员对事故现场危害迅速作出辨识与评估，指导群众防护和组织撤离，消除危害后果，达到最大限度“避免二次事故、降低死亡、减少财产损失”，即时制定个人防护方案和救援行动方案，充分调配资源。应急人员熟悉并能正确辨识和评估化学事故现场危害因素，是有效采取预防、控制措施，减少人员伤亡，顺利完成救援服务的重要前提。

现场危害辨识与评估的基本要求如下：

（1）准确。查明造成化学事故的有毒有害物质的种类，对未知毒物和已知毒物在事故过程中相互作用而成为新的危险源的检测要慎之又慎。

（2）快速。能在最短的时间内报知检测结果，为及时处置事故提供科学依据，通常对事故预警所用检测方法的要求是快速显示分析结果。但是，在事故平息后为查明其原因则常常采用多种手段取证，此时注重的是分析结果的精确性而不是时间。

（3）灵敏。检测方法要灵敏，即能发现低浓度的有毒有害物质或快速地反映事故因素的变化。

（4）简便。采用的检测手段应当简捷。可根据检测时机、检测地点和检测人员确定所用的检测手段及仪器的简便程度。通常实施现场快速检测时，应选用便携式简便的仪器。

3. 化学事故现场危害辨识

危害源的辨识是对化学事故现场危害物质的定性认识过程，即确定是何种化学品、是否属于化学危险物品、属何类化学危险物品等，以便对其可能造成的危害作出大致的评估。前面讲了化学危险识别的基本方法，如何应用，采用什么程序，是能否快速辨识的关键。正确的辨识程序和方法可以为应急人员节省宝贵时间，快速制定出相对应的应急方案。

辨识程序和方法可以根据化学事故警情来源不同分别对待。对于化学事故救援服务应急保障来说，其指令往往来自政府事故应急指挥体系，可以根据指令来源进行反向咨询，如若得不到准确答复，应按最高防护级别要求准备个人防护，由侦检小组现场侦察、检测、分辨现场危害源，然后根据检测结果快速制订方案，化学事故现场危害辨识程序如图 9-4-2 所示。

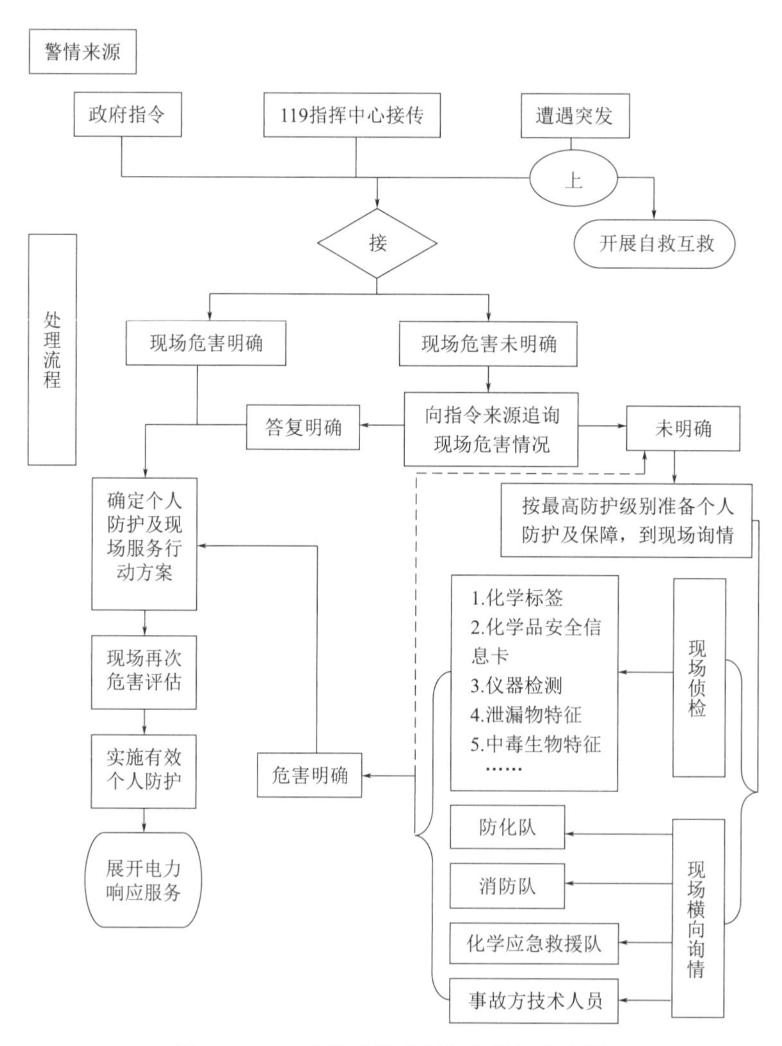

图 9-4-2　化学事故现场危害辨识程序图

注：1. “接”是指接收到政府或 119 指挥中心的警情后的一系列处理流程。

2. “上”是指接到政府指令或 119 指挥中心的警情，又在遭遇突发事件的情况下，基于队员立即冲上第一线救人，同时指导现场人员开展自救和互救。

4. 化学事故现场危害评估

通过化学事故现场危害源的辨识，可以对现场是具有燃爆性、腐蚀性，还是具有中毒性，或者兼而有之的危害性质做出评判。但对其分散的区域和浓度还不明确，这需要进一步快速评估。危害源的评估是对事故现场危害物质的定量认识过程，即确定化学危险物品的泄漏量、事故区空气中危害物质的浓度和人员可能接触剂量，并观测化学毒物浓度在地域和时间上的梯度变化，估测其不同的危险性，以便科学合理地划定区域，开展应急救援工作，尽可能减少事故损失和人员伤亡。

采取有效的技术手段查明泄漏毒物的浓度状况，可为控制事故的态势提供决策依据。评估的任务一是测定有毒有害物质的扩散和浓度分布情况，二是条件许可时可查明导致化学事故的客观条件，根据有毒有害物质的浓度分布情况确定不同程度污染区的边界，并进行标志。

对于有毒有害物质扩散和浓度分布情况的快速评估主要用便携式气体检测仪现场测定。一般而言，每种传感器只对应一种特定气体，因此，在评估前必须明确现场物质种类，并有针对性地选用单一式气体检测仪或复合式气体检测仪。

第五节　个人防护用品选择与使用

一、个人防护用品选择与使用基本要求

前面章节中已经讲到，化学事故现场实行分区管理，按照与有害源的距离和危害程度分为重危区、中危区和轻危区。各专业救援人员应明确责任，在相应的区域内开展救援工作，穿戴相适应的个人防护用品，不宜超越区域分界线，特别是穿戴低危害防护用品的救援人员不应进入高危害区域。各区域救援人员要穿戴相应的救援装备。

进入未知化学物质和病原体种类、散播方式、浓度或已经成为气溶胶，以及不明原因的事故现场进行检测、侦察等活动时，应选用一级防护服和全面罩正压空气呼吸器。

进入现场情况确知，有害物的产生或散发已停止，但仍存在飞溅危险的事故现场进行检测、侦察等活动时，应选用二级防护服和全面罩正压空气呼吸器。

二、个体防护分级

(一) 一级个体防护

1. 适用区域（对象）

（1）接触可经皮肤吸收的气体、液体。

（2）可致癌和高毒性化学物。

（3）极有可能发生高浓度液体泼溅、接触、浸润和蒸气暴露的情况，接触未知化学物。

（4）有害物浓度达到可立即威胁生命和健康（IDLH）浓度的可经皮肤吸收的化学物。

（5）缺氧环境。

2. 一级个体防护装备

（1）呼吸防护。全面罩正压空气呼吸器（SCBA）。

（2）防护服。全封闭气密化学防护服，防酸碱等各类物质，能够防止液体、气体的渗透。

（3）防护手套、防护靴。抗化学物。

(4) 头部防护。安全帽。

(二) 二级个体防护

1. 适用区域(对象)

(1) 现场物质种类确知的气态有毒化学物质，不经皮肤吸收。

(2) 达到 IDLH 浓度。

(3) 缺氧。

2. 二级个体防护装备

(1) 呼吸防护。全面罩正压空气呼吸器(SCBA)。

(2) 防护服。头罩式化学防护服，非气密性，防化学液体渗透。

(3) 防护手套。抗化学物。

(4) 防护靴。抗化学物。

(5) 头部防护。安全帽。

(三) 三级个体防护

1. 防护区域(对象)

(1) 非经皮吸收气态有毒物，毒物种类和浓度已知。

(2) 非 IDLH 浓度环境。

(3) 不缺氧。

2. 三级个体防护装备

(1) 呼吸防护。空气过滤式呼吸防护用品(正压和负压系统)，过滤元件适合特定的防护对象，防护水平适合毒物浓度水平。

(2) 防护服。隔离颗粒物，防少量液体喷溅。

(3) 防护手套。防化学物。

(4) 防护靴。防化学物。

(四) 四级个体防护

1. 防护区域(对象)

非挥发性固态或液态物质，毒性或传染性低。

2. 四级个体防护装备

(1) 呼吸防护。一般不需要呼吸防护。

(2) 防护服。常规性工作服。

(3) 防护手套、防护靴(或鞋套)。与所接触物质相适应即可。

三、防护装备的正确使用

(一) 基本要求

防护装备的使用具有专业性，只有正确使用才能保证自身的健康和安全，但毕竟使用后会给作业带来限制，使用者必须在充分了解每种防护装备的性能和限制及使用方法的前提下，才能进行选用和穿戴。配备防护装备的单位要做好相应的使用培训、使用训练和应急演练。

(二) 培训

(1) 使用者应通过培训充分了解每种防护装置的性能和限制及使用方法，然后通过训练熟练选用和穿戴。

（2）对使用者的培训，应说明每种防护用品的适用性、使用限制、装配方法、佩戴方法、维护保养及清洗消毒方法等，并介绍不同防护用品配合使用的注意要点，对仅使用呼吸面罩的人员，必须接受面罩适合性检验，确认配发的防护面罩适合本人面型，避免泄漏。

（三）训练

使用者应定期组织个体防护装备使用训练，一是熟练掌握防护装备连接，二是熟练穿戴和脱除程序与方法。个体防护装备在现场使用过程中会沾染上现场的有害物质，穿戴错误有可能造成新的污染和健康危害。每类及每种产品的穿戴顺序有所不同，其基本原则一般是先佩戴呼吸器，然后是防护服、眼面护具、手套和鞋靴等，脱除顺序则相反。脱除时应先洗消，动作要轻，避免污染物扬起，尽量减少污染面在环境中暴露的面积和时间，脱去的污染装备应装入双层塑料包装袋，并将口扎紧。污染严重无法清洗的应按相关要求销毁。

（四）演练

配备个体防护装备的单位，应组织使用者进行防护用品的演练，如有可能，应组织不同部门的协同演练，模拟各类应急反应救援作业，争取提早发现防护用品应用时可能遇到的问题，以便及时与供货商沟通，提早排除安全隐患。

（五）配备要求

化学事故外力下应急救援装备配备见表9－5－1。

表9－5－1　化学事故外力下应急救援装备配备表

类别	装备名称	要求	单位	数量
侦检装备	易燃易爆气体检测仪		部	2部/小队
	有毒有害气体检测仪			
	红外测温仪			
	电子酸碱测试仪			
	漏电探测仪			
	水质监测仪			1部/队
	生命探测仪			
	激光测距仪			
	电子气象仪			
个体防护装备	空气呼吸器	正压式；气瓶1备1用		
	轻型防化服		套	4套/队
	重型防化服		套	2套/队
	担架			
	防化安全靴	耐油、耐水、耐酸性能	双	应急人员：1双/人
	个人呼救器		个	应急人员：1个/人
	移动供气源		套	1套/队

续表

类别	装备名称	要　　求	单位	数　　量
洗消	洗消帐篷、洗消机	成套配置	套	1套/队
通信装备	防爆对讲机		部	指挥、侦检员：1部/人
	头骨送话头盔	能够随时接听指令	套	与重型防化服配用
	手持扩音器		个	2个/队
其他	出入口标志牌		个	按一用一备的原则配备
	闪光警示灯			
	危险警示牌			按区域分色配备，单色不少于两个
	警戒标志杆			

第六节　化学事故中的电力应急响应

一、化学事故外力作用的电力应急响应特点

化学事故具有突发性特点，这一特点让人们无从寻找规律，只有练好本领才能随时应对突发险情。由于重大危险化学品事故发生后，极易引发大规模停电事故甚至电网瓦解，而电力作为基本能源保障，无论是事故现场的通信、救援照明、救援设备动力等都离不开电力的保障，充足可靠的电力保障是及时有效地开展应急救援和生产恢复工作的基本保证。电网内重要化学设施设备发生突发事件时，应急救援队伍应第一时间赶到事故现场，执行现场勘察、人员救护、技术指导、现场临时指挥、应急供电和照明、特殊环境抢修保障和通信保障等先期处置工作的任务。电力应急救援队伍熟悉化学事故的危害、掌握辨识评估和危险环境下个体防护装备的选用，是保障电力应急快速、高效响应的基础。

二、化学事故外力作用的电力应急响应流程

化学事故外力作用的电力应急响应可参照如下流程。

1. 警情接报

接到因化学事故外力导致电力应急响应的指示或要求电力应急响应的报告，这是实施电力服务应急响应的第一步。接报人要询问报告人姓名、电话，问清事故发生的时间、地点、事故单位、事故原因、主要有毒有害物等，发出应急响应警报的同时将现场有毒有害情况说明，同时向有关部门报告工作。

2. 危害初步评估

接收警情后，应迅速启动咨询系统，通过向警情来源部门询问或向事故区域电力系统相关单位确认等横向或纵向方式了解现场危害，对现场危害初步评估，为应急救援力量调集作好铺垫。

3. 应急力量调集

根据接报时了解的事故的规模、危害和发生的场所，迅速调集救援力量，并派出救援队伍。根据各部门登记的应急材料，征调应急物资，带足有关的个体防护器材，如空气呼吸器、测爆仪、洗消用具等。

4. 现场签到与设点

电力应急救援队伍进入化学事故现场会有以下两种情况：

(1) 其他救援力量已经到达现场展开救援，现场已成立救援指挥部。这种情形下，电力应急救援队伍需先到抢险指挥部签到并领受任务，明确现场电力保障范围，与电力救援相关的内容，并设置应急保障服务联络点。设置时应考虑是否在上风向的非污染区域，是否靠近现场抢险指挥部，应急服务人员和电力服务的车辆出入、停靠是否方便等，同时应设置醒目的标志。

(2) 电力应急救援队伍出动迅速，首个到达事故现场。这种情况下，首先考虑在安全区域设置联络指挥点，设置醒目标志，然后展开现场侦察，识别评估现场危害，在安全防护后展开相应救援。现场指挥部成立后及时到现场指挥部签到并汇报救援行动情况，接受指挥部的下一步指示。

5. 危害确认与防护

无论是现场接受任务，还是已领受任务，行动展开前应对任务区域相对于事故现场的位置、危害类型、危害程度再次确认。尤其是化学品泄漏事故现场的识别工作。

事故现场识别工作，可以向有关事故单位人员进行询问，也可以通过现场张贴的标签，根据标签上提供的 CAS 号，迅速查找 CSDS 或 MSDS 的相关信息。如果是运输车辆的事故，一般会带有产品的 CSDS 或 MSDS 信息，还有一些单位设置了应急卡片，便于事故状态下的应急处置。第一时间查询到 CSDS 或 MSDS 信息对事故的应急处置极为重要。

无法找到以上信息时，也可采取询问和侦检的方法，了解和掌握化学泄漏物的种类、性质、泄漏时间、泄漏量以及波及的范围。利用检测报警仪器持续检测事故现场气体浓度和扩散范围，了解天气情况，如温度、风向、风速等，尽快熟悉事故现场。

但对于不明危化品，除现场进行半定性检测外，还应进行取样，送化验室化验、分析，确定名称，进行成分定性检测。同时根据检测仪器，确定泄漏物质的种类、浓度、扩散范围。

最快的途径是横向联系询问，询问第一时间到场的消防队、化学抢险队等危化专业抢险队伍，能较快得知现场危害物及危害程度。观察同一区域救援人员所穿着个人防护装备，根据其他救援人员所穿着个人防护装备选择对应的个人防护装备。

在得知现场危害后应即时做出个人防护方案，调用个人防护装备，凡进入事故现场危害区域人员必须按对应防护要求和防护方案穿着个人防护装备，并对进入事故现场人员一一登记。

6. 现场救援

(1) 以最快速度赶到灾区或现场应急处置，开展特种环境下的人员救助和防护工作，抢救人员生命，协助开展救援。

(2) 利用应急通信保障手段，及时向公司应急指挥中心反馈受灾地区、应急处置现场电网受损情况，协调开展事件现场先期处置工作。

（3）提出应急抢险救援建议和初步抢修方案，为公司应急指挥领导小组指挥处置提供可靠决策依据，为后续开展的事故处理、恢复等各项应急处置工作做好前期准备。

（4）保障事故现场的临时用电。

7. 收队与洗消

应急任务完成后，带队人需通知参加队员收队。收队时应注意以下几点，一是清点人员，特别是进入高危区域人员，要按登记人员名单一一对应点名；二是应注意清点器材装备，对现场供电提供的器材装备回收情况应注意查清、点明，做到出入一致；三是注意返回基地途中的安全。

洗消是对进入重度污染区域的人员、器材装备消除污染的必要措施，染毒人员、器材、装备、染毒的区域都要进行彻底的洗消。洗消时应根据毒物的理化性质、受污染物体的具体情况和器材装备，选择相应的洗消剂和洗消方法。尤其要注意尽量选用对环境污染较小的洗消剂，实现绿色洗消，避免二次污染。

第七节 危险化学品事故现场应急处置基本程序

大多数化学品具有有毒、有害、易燃、易爆等特点，在生产、储存、运输和使用过程中因意外或人为破坏等原因发生泄漏、火灾爆炸，极易造成人员伤害和环境污染的事故。制订完备的应急预案，了解化学品基本知识，掌握化学品事故现场应急处置程序，可有效降低事故造成的损失和影响。本节主要探讨危险化学品发生泄漏、火灾爆炸、中毒等事故时的现场应急抢险和救援问题。

一、隔离、疏散和防护

（一）建立警戒区域

事故发生后，应根据化学品泄漏扩散的情况或火焰热辐射所涉及到的范围建立警戒区，并在通往事故现场的主要干道上实行交通管制。建立警戒区域时应注意以下事项：

（1）警戒区域的边界应设警示标志，并有专人警戒。

（2）除消防、应急处理人员以及必须坚守岗位的人员外，其他人员禁止进入警戒区。

（3）泄漏溢出的化学品为易燃品时，区域内应严禁火种。

（二）紧急疏散

迅速将警戒区及污染区内与事故应急处理无关的人员撤离，以减少不必要的人员伤亡。

紧急疏散时的注意事项如下：

（1）如事故物质有毒时，需要佩戴个体防护用品或采用简易有效的防护措施，并有相应的监护措施。

（2）应向侧上风方向转移，明确专人引导，并护送疏散人员到安全区，并在疏散或撤离的路线上设立哨位，指明方向。

（3）不要在低洼处滞留。

（4）要查清是否有人留在污染区与着火区。

（5）为使疏散工作顺利进行，每个车间应至少有两个畅通无阻的紧急出口，并有明显标志。

（三）防护

根据事故物质的毒性及划定的危险区域，确定相应的防护等级，并根据防护等级按标准配备相应的防护器具。

二、询情和侦检

（一）询情

询问遇险人员情况，容器储量、泄漏量，泄漏时间、部位、形式，扩散范围，周边单位、居民、地形、电源、火源等情况，消防设施、工艺措施、到场人员处置意见等。

（二）侦检

使用检测仪器测定泄漏物质、浓度、扩散范围。

确认设施、建（构）筑物险情及可能引发爆炸燃烧的各种危险源，确认消防设施运行情况。

三、现场急救

在事故现场，化学品对人体可能造成的伤害包括中毒、窒息、冻伤、化学灼伤、烧伤等。进行急救时，不论患者还是救援人员都需要进行适当的防护。

（一）现场急救注意事项

（1）选择有利地形设置急救点。

（2）做好自身及伤病员的个体防护。

（3）防止发生继发性损害。

（4）应至少2～3人为一组集体行动，以便相互照应。

（5）所用的救援器材需具备防爆功能。

（二）现场紧急救护

（1）迅速将患者脱离现场至空气新鲜处。

（2）呼吸困难时给氧，呼吸停止时立即进行人工呼吸，心脏骤停时立即进行心脏按压。

（3）皮肤污染时，脱去污染的衣服，用流动清水冲洗，冲洗要及时、彻底、反复多次；头面部灼伤时，要注意眼、耳、鼻、口腔的清洗。

（4）当人员发生冻伤时，应迅速复温，复温的方法是采用40～42℃恒温热水浸泡，使其温度提高至接近正常。在对冻伤的部位进行轻柔按摩时，应注意不要将伤处的皮肤擦破，以防感染。

（5）当人员发生烧伤时，应迅速将患者衣服脱去，用流动清水冲洗降温，用清洁布覆盖创伤面，避免伤面污染，不要任意把水疱弄破。患者口渴时，可适量饮水或含盐饮料。

（6）使用特效药物治疗，对症治疗，严重者送医院观察治疗

（三）其他注意事项

急救之前，救援人员应确认受伤者所在环境是安全的。另外，口对口的人工呼吸及冲

洗污染的皮肤或眼睛时，要避免进一步受伤。

四、泄漏处理

危险化学品泄漏后，不仅污染环境，对人体造成伤害，如遇可燃物质，还有引发火灾爆炸的可能性。因此，对泄漏事故应及时、正确处理，防止事故扩大。泄漏处理一般包括泄漏源控制及泄漏物处理两大部分。

（一）泄漏源控制

可能时，通过控制泄漏源来消除化学品的溢出或泄漏。

在厂调度室的指令下，通过关闭有关阀门、停止作业或通过采取改变工艺流程、物料走副线、局部停车、打循环、减负荷运行等方法进行泄漏源控制。

容器发生泄漏后，采取措施修补和堵塞裂口，制止化学品的进一步泄漏，对整个应急处理是非常关键的。能否成功地进行堵漏取决于以下因素：接近泄漏点的危险程度、泄漏孔的尺寸、泄漏点处实际的或潜在的压力、泄漏物质的特性。

（二）泄漏物处理

现场泄漏物要及时进行覆盖、收容、稀释、处理，使泄漏物得到安全可靠的处置，防止二次事故的发生。泄漏物处置主要有以下 4 种方法：

1. 围堤堵截

如果化学品为液体，泄漏到地面上时会四处蔓延扩散，难以收集处理。为此，需要筑堤堵截或者引流到安全地点。储罐区发生液体泄漏时，要及时关闭雨水阀，防止物料沿明沟外流。

2. 稀释与覆盖

为减少大气污染，通常采用水枪或消防水带向有害物蒸气云喷射雾状水，加速气体向高空扩散，使其在安全地带扩散。在使用这一技术时，将产生大量的被污染水，因此应疏通污水排放系统。对于可燃物，也可以在现场施放大量水蒸气或氮气，破坏燃烧条件。对于液体泄漏，为降低物料向大气中的蒸发速度，可用泡沫或其他覆盖物品覆盖外泄的物料，在其表面形成覆盖层，抑制其蒸发。

3. 收容（集）

对于大型泄漏，可选择用隔膜泵将泄漏出的物料抽入容器内或槽车内；当泄漏量小时，可用沙子、吸附材料、中和材料等吸收中和。

4. 废弃

将收集的泄漏物运至废物处理场所处置。用消防水冲洗剩下的少量物料，冲洗水排入含油污水系统处理。

（三）泄漏处理注意事项

（1）进入现场人员必须配备必要的个人防护器具。

（2）如果泄漏物是易燃易爆的，应严禁火种。

（3）应急处理时严禁单独行动，要有监护人，必要时用水枪、水炮掩护。

（4）需特别注意的是化学品泄漏时，除受过特别训练的人员外，其他任何人不得试图清除泄漏物。

五、火灾控制

危险化学品容易发生火灾、爆炸事故，但不同的化学品以及在不同情况下发生火灾时，其扑救方法差异很大，若处置不当，不仅不能有效扑灭火灾，反而会使灾情进一步扩大。此外，由于化学品本身及其燃烧产物大多具有较强的毒害性和腐蚀性，极易造成人员中毒、灼伤。因此，扑救化学危险品火灾是一项极其重要而又非常危险的工作。从事化学品生产、使用、储存、运输的人员和消防救护人员平时应熟悉和掌握化学品的主要危险特性及其相应的灭火措施，并定期进行防火演习，加强紧急事态时的应变能力。

一旦发生火灾，每个职工都应清楚地知道他们的作用和职责，掌握有关消防设施、人员的疏散程序和危险化学品灭火的特殊要求等内容。

（一）灭火对策

1. 扑救初期火灾

在火灾尚未扩大到不可控制之前，应使用适当的移动式灭火器来控制火灾。迅速关闭火灾部位的上下游阀门，切断进入火灾事故地点的一切物料，然后立即启用现有各种消防设备、器材扑灭初期火灾，并控制火源。

2. 对周围设施采取保护措施

为防止火灾危及相邻设施，必须及时采取冷却保护措施，并迅速疏散受火势威胁的物资。有的火灾可能造成易燃液体外流，这时可用沙袋或其他材料筑堤拦截流淌的液体或挖沟导流，将物料导向安全地点。必要时用毛毡、海草帘堵住下水井、阴井口等处，防止火焰蔓延。

3. 火灾扑救

扑救危险化学品火灾决不可盲目行动，应针对每一类化学品，选择正确的灭火剂和灭火方法。必要时采取堵漏或隔离措施，预防次生灾害扩大。当火势被控制以后，仍然要派人监护，清理现场，消灭余火。

（二）几种特殊化学品的火灾扑救注意事项

（1）扑救液化气体类火灾，切忌盲目扑灭火势，在没有采取堵漏措施的情况下，必须保持稳定燃烧。否则，大量可燃气体泄漏出来与空气混合，遇着火源就会发生爆炸，后果将不堪设想。

（2）对于爆炸物品火灾，切忌用沙土盖压，以免增强爆炸物品爆炸时的威力；扑救爆炸物品堆垛火灾时，水流应采用吊射，避免强力水流直接冲击堆垛，以免堆垛倒塌引起再次爆炸。

（3）对于遇湿易燃物品火灾，绝对禁止用水、泡沫、酸碱等湿性灭火剂扑救。

（4）氧化剂和有机过氧化物的灭火比较复杂，应针对具体物质具体分析。

（5）扑救毒害品和腐蚀品的火灾时，应尽量使用低压水流或雾状水，避免腐蚀品、毒害品溅出；遇酸类或碱类腐蚀品，最好调制相应的中和剂稀释中和。

（6）易燃固体、自燃物品一般都可用水和泡沫扑救，只要控制住燃烧范围，逐步扑灭即可。但有少数易燃固体、自燃物品的扑救方法比较特殊。如 2，4 -二硝基苯甲醚、二硝基萘、萘等是易升华的易燃固体，受热放出易燃蒸气，能与空气形成爆炸性混合物，尤其在室内，易发生爆燃，在扑救过程中应不时向燃烧区域上空及周围喷射雾状水，并消除周围一切火源。

(7) 发生化学品火灾时，灭火人员不应单独灭火，出口应始终保持清洁和畅通，要选择正确的灭火剂，灭火时还应考虑人员的安全。

(8) 化学品火灾的扑救应由专业消防队来进行，其他人员不可盲目行动，待消防队到达后，介绍物料介质，配合扑救。

六、注意事项

(1) 应急处理过程并非是按部就班地按以上顺序进行，而是根据实际情况尽可能同时进行，如危险化学品泄漏，应在报警的同时尽可能切断泄漏源等。

(2) 化学品事故的特点是发生突然，扩散迅速，持续时间长，涉及面广。一旦发生化学品事故，往往会引起人们的慌乱，若处理不当，会引起二次灾害。因此，各企业应制订和完善化学品事故应急救援计划。让每一个职工都知道应急救援方案，并定期进行培训，提高广大职工对付突发性灾害的应变能力，做到遇灾不慌，临阵不乱，正确判断，正确处理，增强人员自我保护意识，减少伤亡。

第八节 危险化学品专项应急救援预案

本节以某化工企业编制的危险化学品专项应急救援预案为例，介绍编制格式和编写方法。

×××化工公司危险化学品专项应急救援预案

1 目的

为维护公司安全稳定，预防和遏制化学品造成的人身伤亡事故，遇突发事件时能够迅速、有序地展开各项工作，结合我公司实际，特制定本应急预案。

2 依据

本预案制定根据《中华人民共和国安全生产法》《环境保护法》《危险化学品安全管理条例》等有关法律、法规。

3 适用范围

适用于本公司因危险化学品引发的突发事件。

4 公司化学品种类及危险特性

4.1 本公司涉及的危险化学品主要有：盐酸、硫酸、氢氧化钠、除铁剂、碳酸镍、硫酸镍、除锈剂、酒石酸钾钠、磷酸三钠、除油粉。

4.2 以上物质的危险特性。(略)

5 工作原则

5.1 安全第一，预防为主。坚持应急与预防工作相结合，做好防范和预警工作，最大限度地预防和减少事故造成的人员伤亡、财产损失和社会影响。

5.2 统一领导，分级负责。在公司安委会的统一领导下，分级负责，充分发挥专业应急指挥机构的作用。

5.3 规范有序，保障到位。依据安全生产相关法律法规及有关规定，依法规范应急管理和响应机制。

6 应急组织体系

成立应急指挥中心，应急指挥中心下设应急指挥中心办公室（安全办）。

6.1 应急指挥中心

总指挥：张××

副总指挥：倪×× 周××

成员：魏×× 马×× 卢×× 谢×× 王×× 隋×× 胡××

6.2 应急指挥中心职责

(1) 负责组织事故应急预案的修订、审核、发布、演练和总结。

(2) 按事故的级别下达预警和预警解除指令，专项应急预案启动和终止指令。

(3) 组织、指挥协调生产经营安全事故应急处置工作。

(4) 加强安全生产事故应急救援建设。结合生产经营应急救援工作的特点，建立具有快速反应能力的安全事故救援队伍，提高救援装备水平，形成生产经营安全事故应急救援的保障。

(5) 做好稳定职工的情绪和伤亡人员的善后及安抚工作。

7 应急启动标准

在发生的各类危险化学品事故，有下列情况之一应当启动本预案：

(1) 发生一次死亡（含失踪）3人以下、1人以上的危险化学品事故。

(2) 危险化学品由于泄漏、火灾、爆炸等各种原因造成或可能造成较多人员急性中毒、伤害或死亡等人身伤害和财产损失及其他对社会有较大危害的危险化学品事故。

(3) 其他性质特别严重，产生重大影响的危险化学品事故。

8 预防与预警

(1) 发生危险化学品事故，单位主要负责人应当及时启动应急救援预案，组织应急处置，并立即报告上一级主管部门，各部门接到报告后要立即赶赴事故现场。

(2) 发生危险化学品事故，不能很快得到有效控制或已造成重大人员伤亡时，应立即向上级危险化学品应急救援指挥部请求给予支援。

9 应急响应

9.1 危险化学品泄漏事故处置措施

(1) 进入现场处理。

现场进行处理时，应注意安全防护，进入现场救援人员必须配备必要的个人防护用具。

如果泄漏物是易燃易爆的，事故中心区应严禁火种、切断电源、禁止车辆进入、立即在边界设置警戒线，根据事故情况和事故发展，确定事故波及区人员的撤离。如果泄漏物是有毒的，应使用专用防护服、隔绝式空气面具。为了在现场上能正确使用和适应，平时应进行严格的适应性训练。立即在事故中心区边界设置警戒线。根据事故情况和事故发展，确定事故波及区人员的撤离。应急处理时严禁单独行动，要有监护人，必要时用水枪掩护。

(2) 泄漏源控制。

关闭阀门、停止作业或改变工艺流程、减负荷运行等。堵漏采用合适的材料和技术手段堵住泄漏处。

(3) 泄漏物处理。

围堤堵截：筑堤堵截泄漏液体或者引流到安全地点，储槽区发生液体泄漏时。要及时关闭雨水阀，防止物料沿明沟外流。

稀释与覆盖：向有害物蒸汽云喷射雾状水，加速气体向高空扩散，对于可燃物，也可以在现场施放大量水。

9.2 危险化学品火灾事故处置措施

(1) 先控制，后消灭。

针对危险化学品火灾的大势发展蔓延快和燃烧面积大的特点，积极采取统一指挥、以快制快，堵截火势、防止蔓延，重点突破、排除险情，分割包围、速战速决的灭火战术。

(2) 扑救人员应占领上风或侧风阵地。

火情侦察、火灾扑救、火场疏散人员应有针对性地采取自我防护措施。如佩戴防护面具，穿戴专用防护服等。应迅速查明燃烧范围、燃烧物品及其周围物品的品名和主要危险特性、火势蔓延的主要途径，燃烧的危险化学品及燃烧产物是否有毒。

(3) 正确选择最适合的灭火剂和灭火方法。

火势较大时，应先堵截火势蔓延，控制燃烧范围，然后逐步扑灭火势。对有可能发生爆炸、爆裂、喷溅等特别危险需紧急撤退的情况，应按照统一的撤退信号和撤退方法及时撤退。撤退信号应格外醒目，能使现场所有人员都看到或听到，并应经常演练。

(4) 消灭余火。

火灾扑灭后，仍然要派人监护现场，消灭余火。起火单位应当保护现场，接受事故调查，协助公安消防监督部门和上级安全生产监督管理部门调查火灾原因，核定火灾损失，查明火灾责任，未经公安监督部门和上级安全生产监督管理部门的同意，不得擅自清理火灾现场。

9.3 现场检测与评估

根据需要，报请应急指挥中心同意后，成立事故现场检测、鉴定与评估小组，进入现场开展工作，主要工作内容如下：

(1) 综合分析和评价检测数据，查找事故原因，评估事故发展趋势，预测事故后果，为制订现场抢救方案和事故调查提供参考。

(2) 监测事故规模及影响情况、受损建筑物垮塌危险程度等。

9.4 信息报告和发布

各部门及时将事故的进展情况报告应急指挥中心办公室。事故信息的披露要严格按照公司有关信息披露程序进行，应急办公室负责有关信息的收集、整理等工作和向上一级主管部门报告工作。

9.5 应急结束

当遇险人员全部得救，事故现场得以控制，可能导致次生、衍生事故的隐患消除后，经现场应急指挥机构确认，结束现场应急处置工作，应急救援队伍撤离现场，由事故应急指挥中心宣布应急结束。

10 培训与演练

10.1 公司安全办负责本预案演习组织工作。

10.2 由总务部负责预案演习组织工作。

10.3 预案演习每年进行一次。

10.4 应急演习结束后，由公司安全办负责组织各部门进行效果评价并填写应急预案演练记录。

复习思考题

1. 重大化学品事故发生后将会对电网产生哪些影响？
2. 发生重大化学品事故后当地电力救援基干分队是否也要赶赴现场应急救援？
3. 什么是化学工业密集区？在沿海省份布局化学工业生产园区有什么好处和不足？
4. 基于安全应急理论和规律，对化学品事故外力下的电力应急响应应从哪方面入手？
5. 对化学工业密集区电力应急准备工作内容有哪些？
6. 如何做好了解化学工业密集区各单位有毒有害物质分布情况的摸底工作？
7. 如何做好化学工业密集区电网布局和负荷类别摸底工作？
8. 制定针对化学事故外力下的电力应急预案的目的是什么？
9. 发生哪几种化学品事故需要启动化学事故外力下的电力应急预案？
10. 化学事故现场电力紧急救援的注意事项是什么？
11. 危险化学品事故的一般类型有哪些？主要采取哪些救援应对措施？电力救援基干分队奔赴现场的主要任务是什么？
12. 危险化学品泄漏事故的现场处置措施是什么？
13. 危险化学品火灾事故的现场处置措施是什么？
14. 危险化学品爆炸事故的现场处置措施是什么？
15. 为什么危险化学品事故救援时要进行区域划分？
16. 怎样在可燃气体或可燃液体泄漏事故现场按事故性质划分应对区域？
17. 怎样在有毒气体或液体泄漏事故现场根据气体或蒸气浓度对生物造成危害程度的不同来划分应对区域？
18. 我国危险化学品事故处置指挥系统的基本框架是怎样的？
19. 为什么电力应急救援人员也要学习掌握一定的危险化学品应急知识？
20. 化学事故现场的潜在危险有哪些？
21. 化学事故现场危害辨识与评估的基本要求是什么？
22. 化学事故现场危害辨识程序是怎样的？绘出程序图说明之。
23. 化学事故现场危害评估的要求是什么？

24. 一级个体防护适用区域（对象）是什么？一级个体防护装备有哪些？
25. 二级个体防护适用区域（对象）是什么？二级个体防护装备有哪些？
26. 三级个体防护适用区域（对象）是什么？三级个体防护装备有哪些？
27. 四级个体防护适用区域（对象）是什么？四级个体防护装备有哪些？
28. 如何才能使防护装备的使用者能够正确使用防护装备？
29. 化学事故中的电力应急响应流程是怎样的？
30. 化学事故中的电力应急响应警情接报工作内容和要求是什么？
31. 化学事故中的电力应急响应危害初步评估的工作内容和要求是什么？
32. 化学事故中的电力应急响应应急力量调集的工作内容和要求是什么？
33. 化学事故中的电力应急响应现场签到与设点的工作内容和要求是什么？
34. 化学事故中的电力应急响应危害确认与防护的工作内容和要求是什么？
35. 化学事故中的电力应急响应电力应急队伍在现场的职责和要求是什么？
36. 化学事故中的电力应急响应收队与洗消的工作内容和要求是什么？
37. 危险化学品事故现场应急处置基本程序是什么？
38. 危险化学品事故现场应如何建立警戒区域进行隔离并紧急疏散无关人员？
39. 危险化学品事故现场应如何确定防护等级？
40. 危险化学品事故现场询情和侦检的工作内容是什么？
41. 危险化学品事故现场应如何对伤员进行紧急救护？现场急救的注意事项是什么？
42. 危险化学品事故现场泄漏处理的任务是什么？
43. 危险化学品事故现场应怎样进行泄漏源控制？
44. 危险化学品事故现场处理泄漏物的方法有哪些？处理泄漏物的注意事项是什么？
45. 应对危险化学品事故现场火灾的灭火措施有哪些？几种特殊化学品的火灾扑救注意事项各是什么？
46. 危险化学品事故现场注意事项的主要内容是什么？
47. 如何为化学品生产企业编制《危险化学品事故现场专项应急救援预案》？

第十章

应 急 队 伍 训 练

第一节 应急队伍训练的重要意义

训练是指对应急队伍人员和单位应急人员进行本职、本专业必备知识和技能、战术的训练活动，目的是使应急人员掌握化学事故现场必备的业务知识和技能，熟悉化学事故现场应急响应的组织指挥方法和战术手段，培养顽强的战斗意志、优良的战斗作风和严明的组织纪律，全面提高应急人员的业务素质和队伍的整体作战能力。

训练是应急队伍的经常性工作，是提高队伍战斗力的根本途径，是履行应急职能，圆满完成应急任务的重要保证。因此，训练工作必须周密计划，充分准备，科学施训，提高训练质量。

应急救援队伍训练可以提高队伍的应急救援能力，但对于不同的应急救援队伍，其训练内容和方法也各不相同。本章研讨方向主要是化学事故现场应急服务，其训练内容和方法则倾向于化学品事故现场安全防护和服务内容。

第二节 训 练 计 划

一、训练计划制订的基本要求

训练计划是具体组织、实施、协调、监督、控制、保障、考核训练的依据，也是组织实施训练的关键环节。因此，训练计划的制订必须结合职责分工、本单位救援队伍执勤任务、训练水平、器材装备、场地条件和气候特点等实际情况，制定、审批、下达训练计划，使其具有科学性、可行性。化学品事故外力下的电力救援是电力应急救援队伍必不可少的项目，因此，电力救援应急队伍关于化学品事故的针对性训练也是必不可少的。其训练内容可以参照《危险化学品应急救援队伍训练（培训）大纲》和《企业应急救援队伍教育训练大纲》，结合电力应急响应职责分工、基干救援队伍执勤任务等，合理安排化学品知识学习和训练时间。训练计划一般分为综合训练计划和专项训练计划。

二、综合训练计划

综合训练计划包括年度训练计划、季度训练（阶段）计划、月训练计划和周训练计划。

1. 年度训练计划

年度训练计划，通常由应急救援队伍总队在上年度训练结束后、新年度开训前制定下达。主要明确所属救援队伍各训练阶段的执勤业务训练内容、时间分配、质量指标、措施与要求等。

应急救援总队一般采用文字形式或附图表形式进行表述。各分支救援队伍也可根据总队年度训练计划或指示，制订年度训练计划，采取文字附图表形式进行表述。

年度训练计划应根据上级指示或计划和本单位确定的年度训练任务，以救援队伍应急作战部门、培训教育部门为主，后勤等机关协助制订，具体由业务作训部门主办。年度训练计划起草后，应由本单位主管部门审定，报上级备案。

2. 季度（阶段）训练计划、月度训练计划

季度（阶段）训练计划、月度训练计划通常由应急救援队伍各分支队伍根据需要以文字附表的形式制订。季度（阶段）训练计划主要明确所属救援队伍每月训练内容、时间分配、质量指标和基本要求、保障措施等。月度训练计划主要明确每周训练内容、时间分配、组织实施方法、基本要求和保障措施等。

季度（阶段）训练计划、月度训练计划应在应急救援队伍主管部门领导下，以应急作战部门、培训教育部门为主，会同有关部门共同制订，本级主管部门审批，报上一级备案。

3. 周训练计划

周训练计划通常由各救援小队制订。主要明确班及相当级别单位或专业，每日、每课的训练内容、时间、地点、组织实施方法、保障措施、组织者或训练重点等。一般采用周训练进度表的形式表述。

三、专项训练计划

专项训练计划包括演习、竞赛、集训及其他专项训练活动的组织实施计划。通常由组织实施的单位、机关、部门在主管领导的指导下制订，主要明确专项训练活动的目的、内容、人员、方法、时间、地点、组织领导及保障措施等。演习通常报上级审批，其他专项训练计划一般由本级主管部门审批后，报上级备案。

第三节 训 练 准 备

训练准备是实施训练的基础和前提，无论是年度训练、月度训练、周训练、日训练，还是具体课目、内容或某个层次的训练，就其准备工作而言，重点是做好思想准备、组织准备、物资准备和教学准备。

一、思想准备

思想准备是指在训练前，根据训练任务和队员的思想状况，搞好训练动员和思想教育，使队员明确掌握训练的目的、任务、要求和完成任务的措施、方法等，调动队员训练积极性。

训练动员包括年度开训动员、阶段训练动员和主要课目训练动员。训练动员时，应全面领会和理解全年训练任务，正确把握阶段训练及各课目训练的特点，分析影响训练的主、客观因素，针对已经出现或可能出现的问题，确立正确的训练指导思想，鼓舞士气，挖掘练兵潜力。

思想教育一是要明确人与装备、训练与实战的关系，从而提高认识和训练自觉性；二

是针对个别同志的具体思想问题，采取正确的方法，做好耐心细致的说服教育工作，使其积极参加训练，完成训练任务。

二、组织准备

组织准备是指根据训练任务和队员的配备情况及其特点，调整训练的组织，区分教学任务，加强教学力量，确保训练效果。

（一）确定训练形式

业务训练应根据不同的训练阶段、不同的应急任务、不同的训练内容，结合队伍中教员的执教能力等实际情况，灵活选择按建制训练、按专业训练、按基地训练等训练形式。训练形式应本着提高训练质量，组织简便，有利于队伍全面建设和提高质量的原则，结合本单位实际情况灵活确定。同时应加强领导，明确分工，实行责任制，对训练编组、课程设置、教学任务和力量分配等进行周密组织、科学安排。

（二）明确分工任务

业务训练应坚按持专业、特长分工，根据队伍人员构成特点，形成明确的各专业教员队伍，对本队不具备任教条件的专业，应制订明确的外部教员聘用办法。

三、物资准备

物资准备主要是根据训练课目的需要，组织整修场地，准备器材装备，维修、订购、领取和配发器材、教材等，以保证训练的正常进行。

（一）训练场地

训练场地通常根据训练的实际需要和有关保障规定实施统一规划和建设，各级应根据训练进度的要求，适时调配训练场地，发挥效能，并根据业务训练内容的需要，结合队伍年度训练任务，统筹规划，整修和设置训练场地。

（二）物资器材

组训者应根据训练及教学的实际需要，周密计划业务训练所需物资器材、教材，及时制订和上报使用计划，领取分发训练物资和器材、教材。

四、授课准备

授课准备是训练准备的重点工作，应根据训练进度适时进行。主要内容有：教练员按分工进行备课，组织示教作业和示范作业，培养骨干人员。对于外聘教员应提前对接好授课内容、授课要求及完成时间等。

（一）备课

备课是教练员为实施训练而进行的准备活动，是上好课的前提，通常是在教练员受领任务后进行。主要应做好以下工作（对外聘教员应提出相应要求）：

（1）学习大纲和训练教材，搜集资料补充完善。教练员受领任务后，要认真学习大纲和教材的有关内容，并搜集与训练内容相关资料，扩大授课内容的宽度，弄清课目间的相互关系，把握好重点、难点，合理安排授课内容。

（2）了解受训对象，确定教学方法。授课前，教练员必须了解受训群体，包括思想状况、文化基础、身体素质、自觉与理解能力等，并依此确定教学的重点和难点、尝试和广度，区分教学时间。结合训练内容和保障情况，选择训练方法和手段，做到有的放矢，因人施教。

(3) 编写PPT课件。用PPT培训讲课是现在用得很频繁的方式，能更生动形象的表达观点。但是要达到好的效果需要用心准备，且应遵循以下原则：

1) 思路清晰，内容丰富，特别是对于复杂的内容要有一个清晰的提纲。

2) 重点、难点突出，阐述翔实，对于课程中的主要部分要有着重论述，突出内容中的重点让受训对象记住，讲好难点使受训对象明白。

3) 用好提问和回顾，开始讲课前最好来一个提问，这些问题可以是引入今天讲课内容的桥梁，简单精辟又接地气，而且让学员觉得很愿意去思考回答。整个讲课结束以后，一定要带大家回顾一下，重新简明扼要的说一下所讲的内容。

4) 注意版面简约，内容却不能简单。PPT的编写不能一味注重美观和花样，最好具有简约的版面、条理的内容、内涵的讲解。

(4) 试讲、试教。试讲是教练员在实施训练前练习授课的主要方法。通常在熟悉授课稿的基础上，结合各种教具器材，假设受训对象，按课目内容的顺序练习。试教是正式授课前的一种模拟教学活动，目的在于检查教练员训练准备情况，以便发现问题，及时调整和改进教学。

备课时应根据训练内容、训练保障等情况的不同和需要，设置训练场地，准备教具和训练器材，培训示范人员，以满足授课要求。

（二）组织示教作业

组织示教作业是提高教练员组织实施训练能力的有效措施，也是组织教练员集体备课的活动。通常在重点、难点课目训练开始前完成，由应急救援队战术研究部门组织并任教，或外聘专业人员任教。示教作业一般按作业准备、作业实施和作业讲评的程序进行。

1. 作业准备

首先清点人数，检查器材性能，整理装备装具；然后宣布示教课目、目的、内容、方法、时间、要求；最后介绍场地设置，情况显示方法等内容。

2. 作业实施

通常按理论提示、教学示范、讲座研究、组织练习、归纳小结的步骤进行。

3. 作业讲评

主要内容包括重述示教课目、目的、内容，讲评示教作业情况，着重总结组训方法。并区分训练场地，规定完成备课的时限及要求，明确试教的时间、地点和方法。

（三）组织示范作业

示范作业通常在示教作业后由教练员组织实施，一般在进行新的、难度较大的课目或重点课目（内容）前进行。作业时，依据需要可以侧重于教学和组训的示范。随着电化教学的普及，示范作业也可利用电化教学的形式进行。

示范作业一般全程连贯实施，也可分段实施。教练员在组织示范作业时，应把握三个问题：一是示范作业前，应培训好示范人员；二是示范时，要严密组织；三是示范作业结束后，要进行讲评。

第四节 训练保障

训练保障是开展应急救援业务训练的重要基础，训练保障重点要做好应急人员和时间、训练装备器材和训练经费的保障。

一、保障训练人员和时间

在应急业务中要确保参训人员的到课率和训练时间。要按训练计划确定的范围和要求保证参训人员到课，同时确保训练时间，不能以种种原因或借口随意减少参训人员或挤占训练时间，影响训练效果。

二、保障训练装备器材

应急业务训练中需要的场地、器材和装备必须及时供应，才能保障训练工作的顺利进行，这是业务训练能否进行的重要物质基础，包括新增、更新、维修等内容，只有及时供应、补充才能开展好训练工作。

三、保障训练经费

指确保业务训练过程中所需的各种经费开支，这是顺利开展训练工作的重要保障，需要应急队伍主管和各级领导的高度重视。

第五节 技术训练

一、技术训练的目的和特点

(一) 技术训练的目的

应急队伍技术训练是应急人员为熟悉掌握运用各种器材装备而进行的基本技术训练。其目的是使受训者能够熟练掌握训练项目的操作程序、操作方法、操作要求，以提高应急人员技术操作水平和个人防护能力，提高应急队伍整体作战能力，适应应急救援任务的需要。

(二) 技术训练的特点

技术训练是应急救援队伍业务训练内容之一，与其他业务训练相比，有许多显著特点，可以归结为以下三点。

1. 规范性强

技术训练是应急救援战术训练的基础，实现一个战术目标需要由一系列技术动作完成，开展技术训练要有一定的场地、设施、器材等，实施时应急人员要按照规定的操作程序、操作要求、操作方法开展训练。不同的训练科目，有不同的操作程序、方法和要求，具有严格的规范性。

2. 技术性强

技术训练科目较多，训练方法也多种多样，同一训练科目也可有多种操作方法，只有经过反复训练，不断地在实践中进行探索、创新，才能摸索出最佳训练方法和基本技术。

3. 组训方法多样化

根据应急救援队伍性质、任务和特点，坚持从应急救援实际需要出发，立足于现有装备器材状况。技术训练方法可采取单个练习、分组练习、班集体练习和协同练习等，因此多种组训方法训练是提高应急救援队伍战斗力的重要手段，是应急救援队伍训练的必由之路。

二、技术训练的要求

（一）坚持全面

应急救援面临的任务越来越复杂，救援装备也不断改革发展，救援训练项目越来越多，救援队员要根据各类应急救援队伍训练大纲和本队实际，本着实战需要什么就设置什么科目，有什么装备就设置什么内容的原则，全面施训，防止漏训、误训、不训、偏训的现象发生。

（二）突出重点

技术训练在全面训练的基础上要选择一些科目进行重点训练，如技术性强、操作复杂、实战急需的项目，以及新装备训练项目等，通过重点训练，使应急队员进一步熟练掌握那些难度高的训练项目的操作技术，以便在实际救援中灵活运用。

（三）坚持经常

技术训练只有保持经常，持之以恒，在反复练习上多下工夫，使已经掌握的业务技术不断得到巩固和提高。特别是对一些技术性强且会危及生命安全的科目，必须坚持反复练习，熟练掌握操作方法，出现紧急情况才能快速应对。

（四）注重应用

救援行动任务往往是以小组形式出现，但个体的技术能力影响着整个团队。训练中单兵是应用中的基础，班组是应用的核心。技术训练必须遵循练为战的指导思想，要突出技术应用训练，开展技术协同训练，将单一技术训练通过组训方式与实践结合起来，缩短操场训练与事故现场实际应用之间的距离。

三、技术训练的实施

技术训练通常以班组、小队为单位，由队长组织实施，一般按理论学习和操作练习两个步骤进行。

（一）理论学习

理论学习是技术训练的一个重要组成部分，通常在实际操作前进行。通过理论讲授，达到对技术训练项目的基本情况、操作程序、操作要求和应急救援现场运用等方面了解和认识的目的，以指导操作练习。理论学习可以根据具体内容和受训对象文化基础安排自学或讲授。

（二）操作练习

操作练习是受训者在教练员的指导下，反复练习操作要领的过程，是受训者掌握战斗技能的基本途径，是训练的基本环节。目的是通过练习掌握知识，形成应用技能。可按操作准备、操作实施、操作讲评的步骤进行。

四、技术训练的项目

（一）队员训练项目

由于本书讨论的方向是化学事故现场应急服务，是基于电力、医疗等非化学专业应急队伍人员面对化学事故现场服务时的情况，训练项目只选取个人防护、自救、互救等项目内容，主要包括着装、佩戴防护器具、结绳、救人和自救等，见表10-5-1。

表10-5-1　应急救援基干分队队员个人训练项目表

序号	分类	项目	
1	着装	1. 原地着救援服	2. 原地着轻型防化服
		3. 原地着重型防化服	
2	佩戴防护器具	1. 原地佩戴过滤式防护面具	2. 原地佩戴空气呼吸器
		3. 着轻型防化服佩戴空气呼吸器	4. 着重型防化服佩戴空气呼吸器
		5. 100m佩戴空气呼吸器适应操	6. 佩戴空气呼吸器综合训练
3	结绳	1. 死扣结绳法	2. 半扣结绳法
		3. 8字扣结绳法	4. 结节扣结绳法
		5. 抓手扣结绳法	6. 蝴蝶扣结绳法
		7. 吊升气瓶结绳法	8. 救人结绳法
4	救人和自救	1. 徒手背式救人	2. 徒手抱式救人
		3. 徒手抬式救人	4. 徒手肩负式救人
		5. 利用背带救人	6. 安全绳救人
		7. 滑绳自救	8. 安全绳前置自救
		9. 佩戴空气呼吸器救人	10. 利用椅凳救人
5	侦检	1. 受限空间氧浓度检测	2. 可燃气体浓度检测
		3. 有毒气体浓度检测	4. 事故现场毒物定性

（二）班组训练项目

班组训练项目是队员项目的合成，可以根据应急队伍专业性质进行组合编排，如电力应急救援队伍可以编排以下班组训练项目：

（1）化学事故现场互救训练。

（2）化学事故现场应急照明保障训练。

（3）洗消搭帐篷综合训练。

（4）水加热器供水操作训练。

（5）电动充气泵操作训练。

（6）排烟送风操作训练。

（7）侦检警戒综合训练。

（8）化学事故现场消防水泵房动力电临时恢复操作训练。

班组训练项目应根据应急救援队伍性质，结合事故现场可能出现的应急需要进行编排，训练项目的编排要具有科学性、可操作性，符合实战需要。

第六节 应 急 演 练

一、应急演练目的和分类

应急演练是锻炼队伍、检验应急队伍综合素质方法之一，可以提高应急人员在紧急情况下妥善处置事故的能力。

（一）应急演练的目的

应急演练是掌握应急战术原则和作战方法进行的训练。目的在于针对事故现场实际，演练满足各种服务保障需求，提高应急人员的组织指挥能力、临机处置能力、现场估算能力、综合决策能力；提高应急人员在有毒、浓烟、爆炸等复杂危险情况下的应急能力，提高应急队伍的协同作战能力、自我保护能力和综合救援能力。

（二）应急演练的分类

应急队伍可以结合自身实际，开展不同类型的演练，也可相互组合，定期演练，检验业务技术训练效果和队伍整体综合能力。应急演练分类如下：

（1）应急演练按照演练内容分为综合演练和单项演练。

（2）按照演练形式分为现场演练和桌面演练。

二、队员个人防护训练

正确的个人防护是安全完成任务的前提保障。下面是常用防护服训练方法，应急救援队伍也可根据自己现有防护装备编写相应的训练操法，其操法场地如图 10－6－1 所示。

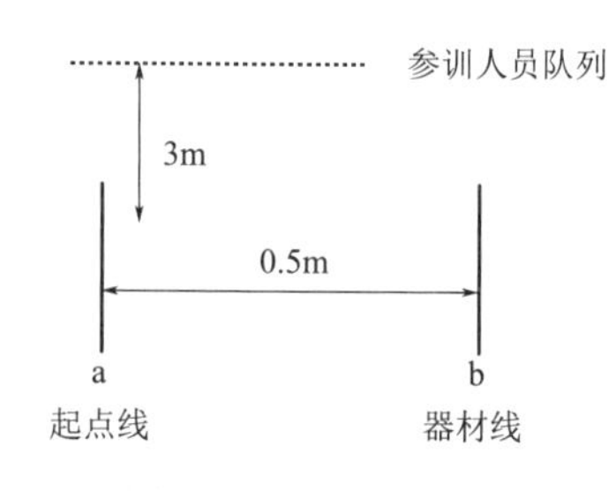

图 10－6－1 个人防护训练操法场地

（一）原地着救援服训练

1. 训练目的

通过训练，使参训人员学会正确快速穿着救援服的方法。

2. 场地器材

在平地上标出起点线，起点线前 0.5m 处标出器材线。救援服在器材线前整齐摆放成一行，间距 1m。服装叠放方法如下：插环式安全带折成双叠，横放在地面上；救援服上装正叠，对襟对齐展平，沿两侧向背后折起，拦腰折成两叠，衣领翻向两侧，衣袖缩入肩部成圆筒状，平放在安全带上；盔帽平放，帽微朝前，帽顶朝上；下装套在消防靴上，放于上装后面，靴跟与器材线相齐。

3. 操作程序

受训队员在起点线一侧 3m 处站成一列横队。

听到“第一名出列”的口令，队员进行至起点线成立正姿势。

听到“准备器材”的口令，队员做好器材准备。

听到“预备”的口令，队员做好操作准备。

听到“开始”的口令，队员开始按顺序着装，顺序为裤、靴、上装、腰带。全部完成后，前跨一步举手示意，立正喊“好”。

听到“卸装”的口令，队员卸下救援服恢复原位，成立正姿势。

听到“入列”的口令，队员跑步入列。

4. 操作要求

衣带平整，前后衣襟束于安全带内，尼龙搭扣必须粘合、对齐。

双脚踏到靴底，安全带扎牢，空隙不超过10cm。

盔帽戴正，帽带贴于下颚。

5. 成绩评定

计时从发令“开始”至队员全部完成操作任务，举手示意喊“好”止。

优秀：15s；良好：18s；及格：20s。

有下列情况之一者不计成绩：安全带插钎未扣入腰带扣眼内；尼龙搭扣未扣或粘合长度不到2/3；上装或下装纽扣未扣。

有下列情况之一加1s：帽带未贴于下颚；腰带未系紧；脚未踏入靴底。

（二）原地着轻型防化服训练

1. 训练目的

通过训练，使参训人员掌握轻型防化服的穿着方法。

2. 场地器材

在平地上标出起点线，起点线前0.5m处标出器材线。器材线上放置轻型防化服1套，防化手套一副。

3. 操作程序

参训队员在起点线一侧3m处站成一列横队。

听到“第一名出列”的口令，参训队员答“到”，并行进至起点线成立正姿势。

听到“准备器材”的口令，参训队员将轻型防化服靴跟与器材线平齐，做好器材准备。

听到“预备”的口令，参训队员做好操作准备。

听到“开始”的口令，参训队员脱下作训鞋，穿上防化靴，提起防化服，双臂插入袖内，袖口环套在拇指上，穿好上衣，整理胸前页折，粘好尼龙搭扣，收紧防化服腰带，粘好颈扣带，戴好防化手套。全部完成后，前跨一步举手示意，立正喊“好”。

听到“卸装”的口令，参训队员卸下救援服恢复原位，成立正姿势。

听到“入列”的口令，参训队员跑步入列。

4. 操作要求

尼龙搭扣必须对齐、粘合紧密。

防化手套必须置于防化服内袖与外袖之间。

5. 成绩评定

计时从发令“开始”至队员全部完成操作任务，举手示意喊“好”止。

优秀：40s；良好：50s；及格：60s。

有下列情况之一者不计成绩：尼龙搭扣未扣或粘合长度不到2/3。

有下列情况之一加1s：腰带未系紧。

（三）原地佩戴空气呼吸器训练

1. 训练目的

通过训练，使参训人员掌握空气呼吸器的佩戴方法。

2. 场地器材

在平地上标出起点线，起点线前0.5m处标出器材线。器材线上放置空气呼吸器1具（背板向上，气瓶开关向前，面罩放于一侧，正面向上），头盔一顶。

3. 操作程序

参训队员在起点线一侧3m处站成一列横队。

听到“第一名出列”的口令，参训队员答“到”，并行进至起点线成立正姿势。

听到“准备器材”的口令，参训队员左脚向前一步，右膝跪地，检查空气呼吸器外观、气压、整机气密性、报警哨性能、面罩气密性、呼吸性能，检查完成，举手示意。

听到“预备”的口令，参训队员做好操作准备。

听到“开始”的口令，参训队员双手握住背板两侧握柄举过头顶，双臂插入肩带内上举，空气呼吸器自然下落至后背，双手下落的同时收紧肩带，扣牢腰带，打开气瓶阀，佩戴面罩，呼吸顺畅后，戴上头盔，操作完成前跨一步举手示意，立正喊“好”。

听到“卸装”的口令，参训队员卸下空气呼吸器，恢复原摆放状态，成立正姿势。

听到“入列”的口令，参训队员跑步入列。

4. 操作要求

检查准备时要逐一报出检查情况，如外观无破损，气压××，报警哨起鸣压力等。

肩带、腰带松紧适宜，背板紧贴身体。

气瓶完全打开。

训练完毕后要对空气呼吸器及时清洁保养。

5. 成绩评定

计时从发令“开始”至队员全部完成操作任务，举手示意喊“好”止。

优秀：25s；良好：30s；及格：50s。

有下列情况之一者不计成绩：气瓶未打或打开不足2圈；空气呼吸器面罩漏气。

有下列情况之一加1s：肩带、腰带未系紧。

（四）原地着内置式重型防化服训练

1. 训练目的

通过训练，使参训人员掌握内置式重型防化服的穿着方法，掌握穿着要领和技巧。

2. 场地器材

在平地上标出起点线，起点线0.5m处标出为器材线。器材线上放置内置式重型防化服1套，双瓶呼吸器1部。

3. 操作程序

参训队员在起点线一侧3m处站成一列横队。

听到“前两名”的口令，两名参训队员答“到”。

听到“出列”的口令，答“是”，并跑至起点线处成立正姿势。

听到“准备器材”的口令，参训队员检查器材，完毕后返回原位，立正站好。

听到“预备-开始”的口令，第1名参训队员脱下鞋子，双脚伸入防化靴，第2名将呼吸器肩带放松，协助第1名将呼吸器背在肩上，佩戴呼吸器面罩，开启气瓶开关。第1名好面罩，将供气阀装入气口，佩戴完后，向第2名示意“好”；第2名迅速将防化服提起，将防化服头罩颈带套入第1名脖子，协助第1名将双手伸入防化服衣袖内，套上防化服后背钢瓶袋，调节呼吸器背带，戴上头罩，搭上头罩内的搭扣，把头罩后的拉链拉上，粘上百搭扣。最后帮第1名戴上手套，举手示“好”。

听到“卸装”的口令，战斗员卸下防化服，恢复原位，立正站好。

听到“入列”的口令，战斗员答“是”，然后按出列的相反顺序跑步入列。

4. 操作要求

掌握穿着要领，戴手套时注意将连接记号对准。

钢瓶套未套上之前空气呼吸器背带要放松。

操作时呼吸器压力不得小于25MPa（兆帕）。

5. 成绩评定

计时从发令“开始”至参训队员全部完成操作任务，举手示意喊“好”为止。

动作熟练，符合操作程序和要求，80s为合格，反之为不合格。

有下列情况之一者不计成绩：尼龙搭扣未扣或粘合长度不到2/3；空气呼吸器气瓶阀未全部打开。

有下列情况之一者加1s：腰带未收紧，出现下垂；防化服头套挡住空气呼吸器视窗；或防化服头套边缘与空气呼吸器面罩边缘未接合。

（五）原地着轻型防化服佩戴空气呼吸器训练

1. 训练目的

通过训练，使参训人员掌握轻型防化服、空气呼吸器的穿着、佩戴方法和要求。

2. 场地器材

在平地上标出起点线，起点线前0.5m处标出器材线。器材线上放置轻型防化服1套，防化手套1副、空气呼吸器1具（背板向上，气瓶开关向前，面罩放于一侧，正面向上）。

3. 操作程序

参训队员在起点线一侧3m处站成一列横队。

听到“第一名出列”的口令，参训队员答“到”，并行进至起点线成立正姿势。

听到“准备器材”的口令，参训队员将轻型防化服靴后跟与器材线平齐，防化服上部敞开，使防化服靴靴口外露，按照空气呼吸器检查要求检查空气呼吸器，检查完毕放于防化服一侧，完成举手示意。

听到“预备”的口令，参训队员做好操作准备。

听到“开始”的口令，参训队员脱下鞋子，提起防化服，双臂插入袖内，袖口环套在拇指上，穿好上衣，整理胸前页折，粘好尼龙搭扣，收紧防化服腰带，粘好颈扣带，佩戴好空气呼吸器，打开气瓶阀，佩戴面罩，佩戴防化服头套，戴好防化手套。操作完成前跨一步举手示意，立正喊“好”。

听到“卸装”的口令，参训队员卸下空气呼吸器，脱下防化服，恢复原摆放状态，成立正姿势。

听到“入列”的口令，参训队员跑步入列。

4. 操作要求

尼龙搭扣必须对齐、粘合紧密。

防化手套必须置于防化服内袖与外袖之间。

5. 成绩评定

计时从发令“开始”至队员全部完成操作任务，举手示意喊“好”止。

符合操作程序和要求，80s 为合格。

有下列情况之一者不计成绩：尼龙搭扣未扣或粘合长度不到 2/3；空气呼吸器气瓶阀未全部打开。

有下列情况之一者加 1s：腰带未收紧，出现下垂；防化服头套挡住空气呼吸器视窗；防化服头套边缘与空气呼吸器面罩边缘未接合。

三、队员自救、互救训练

化学品事故的特点是发生突然，扩散迅速，持续时间长，涉及面广。一旦出现化学品事故，往往会引起人员伤亡，处理不当则会产生严重的后果。因此，自救、互救是化学事故发生后减少人员伤亡最及时、最有效的方法，抢救的时间越早，生存的希望就越大。事故发生后，危害区域人员正确、科学、及时地自救、互救行动，在抢救人员生命中发挥了不可替代的作用。

（一）紧急避险训练

1. 训练目的

通过训练，使参训人员掌握日常工作或救援服务时突遇紧急情况的应对方法。

2. 场地器材

在训练场地模拟日常工作或事故现场应急服务场景，各自按分工开展工作。

3. 操作程序

日常工作人员着正常工装，事故现场应按模拟现场性质着防护装备，根据分工正常工作。

听到“紧急避险——开始”的口令，参训队员按正常分工进入工作状态，工作中模拟出现爆炸声或出现泄漏烟雾，带队人员大声呼喊：“紧急情况、紧急情况，向安全区撤离”，所有人员应立即停止工作，放下工具装备，判断风向，并做简易呼吸防护向上风、侧上风向撤离。待全员撤离至安全区域，带队人及时清点人数，调整工作部署，并举手示意喊“好”。

4. 操作要求

带队人事前应向所有队员说明危险工作区域情况以及发生紧急情况的撤离方案。

紧急情况信号发出后，带队人要及时做出反应，呼喊队员撤离，所有工作人员应立即停止工作，并放下工具，护住口鼻向上风或侧上风安全区域撤离。

如遇爆炸，所有人员背向爆炸方位就地卧倒，脸朝下，双手抱头。爆炸结束后，再迅速向安全区域撤离。

5. 成绩评定

成绩设定为 10 分，根据作业实施情况评分。

优秀：9 分；良好：8 分；及格：6 分。

（二）徒手背式救援

1. 训练目的

通过训练，使参训人员掌握徒手背式救人的方法。

2. 场地器材

在平地上标出起点线，起点线前 15m 处标出折返线。起点线、折返线前各铺设一张垫子，如图 10－6－2 所示。

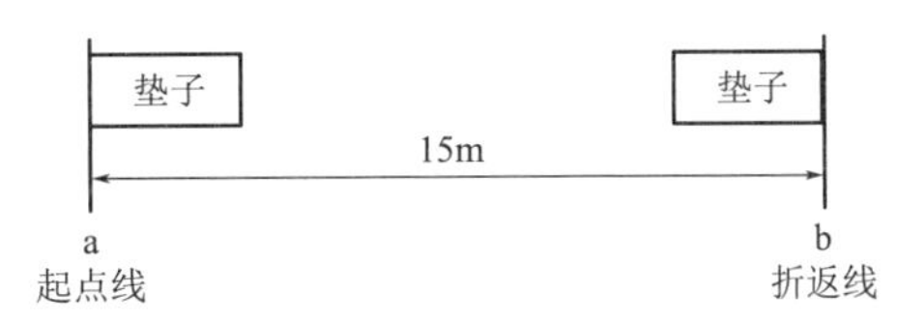

图 10－6－2 徒手背式救援实训场地

3. 操作程序

参训队员在起点线一侧 3m 处站成一列横队。

听到“前两名出列”的口令，前两名参训队员答“到”，并行进至起点线成立正姿势。

听到“预备”的口令，第二名参训队员，跑至折返线，头朝起点线仰卧在垫子上，充当被救者，第一名充当救护者，做好操作准备。

听到“开始”的口令，第一名参训队员跑至折返线侧卧在被救者左侧，两人背胸相靠，右手握其右手腕，右腿插入其右膝下，转体使被救者俯卧在背上，左臂支撑地面的同时右腿屈膝跪地，左腿向前跨步，右腿蹬地挺身起立，双手抱住其双腿，背至起点线垫子处，然后身体下蹲，使被救者双脚着地，左手抓住其右臂，身体向后转 180°，面对被救者，右手从其腋下伸向背部，同时左脚在其右侧向前跨一步，将其臀部着地坐下，左手扶其头后部，将其轻放于垫子上，立正喊“好”。

听到“收操”的口令，被救队员起立，与救护队员一起，成立正姿势。

听到“入列”的口令，两名参训队员跑步入列。

4. 操作要求

操作时要多体会动作，被救者不要刻意主动，应让救人者体会救人时的正确姿势及用力技巧。

起立和下蹲时要缓慢进行，以防出现意外。

5. 成绩评定

动作要领、程序方法正确熟练，符合操作程序和要求的为合格。

不符合操作规程的为不合格。

（三）徒手抱式救人训练

1. 训练目的

通过训练，使参训人员掌握徒手抱式救人的方法技巧。

2. 场地器材

在平地上标出起点线，起点线前 15m 处标出折返线。起点线、折返线前各铺设一张垫子，如图 10－6－2 所示。

3. 操作程序

参训队员在起点线一侧 3m 处站成一列横队。

听到“前两名出列”的口令，前两名参训队员答“到”，并行进至起点线成立正姿势。

听到“预备”的口令，第二名参训队员，跑至折返线，头朝起点线仰卧在垫子上，充当被救者，第一名充当救护者，做好操作准备。

听到“开始”的口令，第一名参训队员跑至折返线垫子处，单膝跪地，一只手深入被救者头后部，将其上体扶起，让被救者一只手搭在自己肩上，然后左手搂其背部，右手抱其双腿救回起点线垫子处，单膝跪地，将其轻放于垫子上，立正喊“好”。

听到“收操”的口令，被救队员起立，与救护队员一起，成立正姿势。

听到“入列”的口令，两名参训队员跑步入列。

4. 操作要求

操作时要多体会动作，被救者不要刻意主动，应让救人者体会救人时的正确姿势及用力技巧。

起立和下蹲时要缓慢进行，以防出现意外。

5. 成绩评定

动作要领、程序方法正确熟练，符合操作程序和要求的为合格。

不符合操作规程的为不合格。

(四) 徒手抬式救人

1. 训练目的

通过训练，使参训人员掌握徒手抬式救人的方法技巧。

2. 场地器材

在平地上标出起点线，起点线前 15m 处标出折返线。起点线、折返线前各铺设一张垫子，如图 10-6-2 所示。

3. 操作程序

参训队员在起点线一侧 3m 处站成一列横队。

听到“前三名出列”的口令，前三名参训队员答“到”，并行进至起点线成立正姿势。

听到“预备”的口令，第三名参训队员，跑至折返线，头朝起点线仰卧在垫子上，充当被救者，第一、第二名充当救护者，做好操作准备。

听到“开始”的口令，第一、第二名参训队员跑至折返线垫子处，第一名至被救者两脚中间下蹲，将其双手插入其两膝下抱住；第二名至被救者头部下蹲，双手从背后插入其腋下，然后两人协力将其抬起，救回起点线垫子处，轻放于垫子上，立正喊“好”。

听到“收操”的口令，被救队员起立，与救护队员一起，成立正姿势。

听到“入列”的口令，两名参训队员跑步入列。

4. 操作要求

操作时要多体会动作，被救者不要刻意主动，应让救人者体会救人时的正确姿势及用力技巧。

起立和下蹲时要缓慢进行，以防出现意外。

5. 成绩评定

动作要领、程序方法正确熟练，符合操作程序和要求的为合格。

不符合操作规程的为不合格。

（五）徒手肩负式救人

1. 训练目的

通过训练，使参训人员掌握徒手肩负式救人的方法技巧。

2. 场地器材

在平地上标出起点线，起点线前15m处标出折返线。起点线、折返线前各铺设一张垫子，如图10－6－2所示。

3. 操作程序

参训队员在起点线一侧3m处站成一列横队。

听到“前两名出列”的口令，前两名参训队员答“到”，并行进至起点线成立正姿势。

听到“预备”的口令，第二名参训队员，跑至折返线，头朝起点线仰卧在垫子上，充当被救者，第一名充当救护者，做好操作准备。

听到“开始”的口令，第一名参训队员跑至折返线垫子处，将被救者两脚并拢，右手平直紧靠身体的右侧，左手手心向外，手背压在两眼上。左手抓被救者右侧裤子，右手抓其肩部右侧衣服，将其转体成俯卧，然后单膝跪地，身体前倾，两臂前伸，两手插入被救者的两腋下，双手扶其背部，挺身起立，使其上身靠在左肩并骑坐左大腿上。然后上体前倾右手握住其左手腕向前拉紧，左手从其两腿之间穿过，并抱住其左大腿，两腿同时用力，直体起立，左手握住其左手腕，肩负至起点线垫子处，成弓步上体前倾，使被救者双脚着地，右手握住被救者左手，左手从腋伸向背部，左前臂挽住其上体，右腿前跨一步，右手扶其头后部，使其平卧在垫子上，立正喊“好”。

听到“收操”的口令，被救队员起立，与救护队员一起，成立正姿势。

听到“入列”的口令，两名参训队员跑步入列。

4. 操作要求

操作时要多体会动作，被救者不要刻意主动，应让救人者体会救人时的正确姿势及用力技巧。

起立和下蹲时要缓慢进行，以防出现意外。

5. 成绩评定

动作要领、程序方法正确熟练，符合操作程序和要求的为合格。

不符合操作规程的为不合格。

四、结绳训练

结绳在抢险救援中的应用比较广泛，尤其在救人方面，既简便又实用。当在一些人员不便于行动的地点，其他救援器材无法发挥作用的情况下，结绳往往能发挥意想不到的效果。结绳作为一种技能，也是应急抢险中的基本技能和必备技能。

（一）死扣结绳法训练

1. 训练目的

通过训练，使参训人员掌握绳索死扣结绳的方法。

2. 场地器材

在平地上标出起点线，起点线前 0.5m 处标出器材线。器材线上放置安全绳一根，如图 10-6-3 所示。

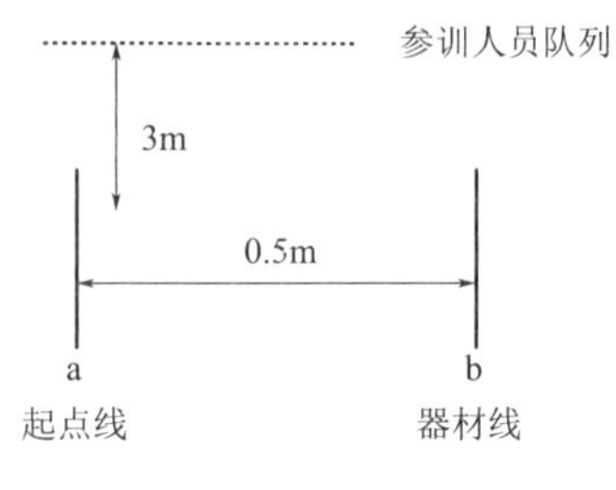

图 10-6-3 结绳法实训场地

3. 操作程序

参训队员在起点线一侧 3m 处站成一列横队。

听到“第一名出列”的口令，参训队员答“到”，并行进至起点线成立正姿势。

听到“准备器材”的口令，参训队员拿起安全绳，完成举手示意。

听到“预备”的口令，参训队员做好操作准备。

（1）方法一。

听到“开始”的口令，参训队 1 提起绳索的一端做一绳圈，将端头穿入绳圈内，然后将绳索收紧，立正喊“好”。

（2）方法二。

听到“开始”的口令，参训队员提起绳索的一端做一“8”字形环，将端头穿入绳圈内，然后将绳索收紧，立正喊“好”。

听到“操作完成”的口令，参训队员收起绳索，放回原处，成立正姿势。

听到“入列”的口令，参训队员跑步入列。

4. 成绩评定

各种结绳方法正确、动作迅速、连贯，评为合格。

（二）半扣结绳法训练

1. 训练目的

通过训练，使参训人员掌握半扣结绳的方法。

2. 场地器材

在平地上标出起点线，起点线前 0.5m 处标出器材线。器材线上放置安全绳一根。

3. 操作程序

参训队员在起点线一侧 3m 处站成一列横队。

听到“第一名出列”的口令，首位参训队员答“到”，并行进至起点线成立正姿势。

听到“准备器材”的口令，参训队员拿起安全绳，完成举手示意。

听到“预备”的口令，参训队员做好操作准备。

听到“开始”的口令，参训队员将绳索做成绳圈后套入木杆或将绳的一端在木杆上作绳圈，然后将绳圈收紧，立正喊“好”。

听到“操作完成”的口令，参训队员收起绳索，放回原处，成立正姿势。

听到“入列”的口令，参训队员跑步入列。

4. 成绩评定

各种结绳方法正确、动作迅速、连贯，评为合格。

（三）结节扣结绳法训练

1. 训练目的

通过训练，使参训人员掌握结节扣结绳的方法。

2. 场地器材

在平地上标出起点线，起点线前 0.5m 处标出器材线。器材线上放置安全绳一根。

3. 操作程序

参训队员在起点线一侧 3m 处站成一列横队。

听到“第一名出列”的口令，首位参训队员答“到”，并行进至起点线成立正姿势。

听到“准备器材”的口令，参训队员拿起安全绳，完成举手示意。

听到“预备”的口令，参训队员做好操作准备。

听到“开始”的口令，参训队员提起绳索结成三个绳圈，将绳的端头穿入绳圈内收紧，立正喊“好”。

听到“操作完成”的口令，参训队员收起绳索，放回原处，成立正姿势。

听到“入列”的口令，参训队员跑步入列。

4. 成绩评定

各种结绳方法正确、动作迅速、连贯，评为合格。

（四）抓手扣结绳法训练

1. 训练目的

通过训练，使参训人员掌握抓手扣结绳的方法。

2. 场地器材

在平地上标出起点线，起点线前 0.5m 处标出器材线。器材线上放置安全绳一根。

3. 操作程序

参训队员在起点线一侧 3m 处站成一列横队。

听到“第一名出列”的口令，首位参训队员答“到”，并行进至起点线成立正姿势。

听到“准备器材”的口令，参训队员拿起安全绳，完成举手示意。

听到“预备”的口令，参训队员做好操作准备。

听到“开始”的口令，参训队员提起绳索对折成双股，然后做成绳圈，将双股绳穿入绳圈内收紧，立正喊“好”。

听到“操作完成”的口令，参训队员收起绳索，放回原处，成立正姿势。

听到“入列”的口令，参训队员跑步入列。

4. 成绩评定

各种结绳方法正确、动作迅速、连贯，评为合格。

（五）捆扣结绳法训练

1. 训练目的

通过训练，使参训人员掌握使用绳索在捆绑物体或吊升器材需要时结成捆扣的方法。

2. 场地器材

在平地上标出起点线，起点线前 0.5m 处标出器材线。器材线上放置安全绳、木杆各一根。

3. 操作程序

参训队员在起点线一侧 3m 处站成一列横队。

听到“第一名出列”的口令，首位参训队员答“到”，并行进至起点线成立正姿势。

听到“准备器材”的口令，参训队员拿起安全绳，完成举手示意。

听到“预备”的口令，参训队员做好操作准备。

（1）方法一。

听到“开始”的口令，参训队员在绳索中间做成绳圈，并将两个绳圈套入木杆，然后收紧木杆两侧绳索，立正喊“好”。

（2）方法二。

听到“开始”的口令，参训队员提起绳索的端头在物体上做两个绳圈，然后将绳索收紧，立正喊“好”。

听到“操作完成”的口令，参训队员收起绳索，放回原处，成立正姿势。

听到“入列”的口令，参训队员跑步入列。

4. 成绩评定

各种结绳方法正确、动作迅速、连贯，评为合格。

（六）8字扣结绳法训练

1. 训练目的

通过训练，使参训人员掌握绳索结成8字扣的方法。

2. 场地器材

在平地上标出起点线，起点线前0.5m处标出器材线。器材线上放置安全绳一根。

3. 操作程序

参训队员在起点线一侧3m处站成一列横队。

听到“第一名出列”的口令，首位参训队员答“到”，并行进至起点线成立正姿势。

听到“准备器材”的口令，参训队员拿起安全绳，完成举手示意。

听到“预备”的口令，参训队员做好操作准备。

听到“开始”的口令，参训队员提起绳索，在绳头约1米处做成绳圈，按顺时针将绳圈转半圈，然后左手将端头绳索对折后穿入绳圈内收紧，立正喊“好”。

听到“操作完成”的口令，参训队员收起绳索，放回原处，成立正姿势。

听到“入列”的口令，参训队员跑步入列。

4. 成绩评定

各种结绳方法正确、动作迅速、连贯，评为合格。

（七）蝴蝶扣结绳法训练

1. 训练目的

通过训练，使参训人员掌握绳索结成蝴蝶扣的方法。

2. 场地器材

在平地上标出起点线，起点线前0.5m处标出器材线。器材线上放置安全绳一根。

3. 操作程序

参训队员在起点线一侧3m处站成一列横队。

听到“第一名出列”的口令，首位参训队员答“到”，并行进至起点线成立正姿势。

听到“准备器材”的口令，参训队员拿起安全绳，完成举手示意。

听到“预备”的口令，参训队员做好操作准备。

听到“开始”的口令，参训队员提起绳索一端放在左手掌上，右手取绳索的下端，在左手环绕两圈，然后抽出第一圈穿入剩余的两股，拉住穿入的绳索收紧，立正喊“好”。

听到“操作完成”的口令，参训队员收起绳索，放回原处，成立正姿势。

听到“入列”的口令，参训队员跑步入列。

4. 成绩评定

各种结绳方法正确、动作迅速、连贯，评为合格。

五、侦检训练

侦检是化学事故处置过程中划定警戒区域、确定个人防护的科学依据，侦检技术应用熟练与否，是事故现场侦检速度和侦检结果准确性的决定因素。

（一）可燃气体侦检训练

1. 训练目的

通过训练，使参训人员掌握可燃气体检测仪的操作程序和方法，熟悉可燃气报警参数。

2. 场地器材

在平地上标出起点线，起点线前0.5m处标出器材线。器材线上放置防化服2套、空气呼吸器2具，可燃气体检测仪1部，检测记录表和笔1套。

3. 操作程序

参训队员在起点线一侧3m处站成一列横队。

听到“前两名出列”的口令，参训队员答“到”，并行进至起点线成立正姿势。

听到“准备器材”的口令，参训队员检查防化服、空气呼吸器、检测仪，完成后举手示意。

听到“预备”的口令，参训队员穿戴好防化服、空气呼吸器，做好操作准备。

听到“开始”的口令，第1名参训队员拿起可燃气体检测仪，然后按“开机”键约3s，仪器开机，待仪器自检完成后进入检测界面开始检测，第2名拿笔和记录表同第1名前后进入模拟事故区域检测，由上风向下风、侧风向连续检测，浓度变化点注意记录，触发报警点做好记录，确定扩散区域，检测完毕后举手示“好”。

听到“操作完成”的口令，参训队员将检测仪、防化服等器材复位，成立正姿势。

听到“入列”的口令，参训队员跑步入列。

4. 操作要求

操作中仪器要防止摔、碰、与水接触。

仪器不得在高浓度气体中长时间使用。

操作完毕后，应在新鲜空气中待仪器归零后关机。

5. 成绩评定

动作连贯，按照操作程序和要求完成全部操作，评为合格。

（二）有毒气体检测训练

1. 训练目的

通过训练，使参训人员掌握有毒气体检测仪的操作程序和方法，熟悉被测气体报警参数。

2. 场地器材

在平地上标出起点线，起点线前0.5m处标出器材线。器材线上放置防化服2套、空气呼吸器2具，可燃气体检测仪1部，检测记录表和笔1套。

3. 操作程序

参训队员在起点线一侧3m处站成一列横队。

听到“前两名出列”的口令，2名参训队员答“到”，并行进至起点线成立正姿势。

听到“准备器材”的口令，参训队员检查防化服、空气呼吸器、检测仪，完成后举手示意。

听到“预备”的口令，参训队员穿戴好防化服、空气呼吸器，做好操作准备。

听到“开始”的口令，第1名参训队员拿起有毒气体检测仪，然后按“开机”键约3s，仪器开机，待仪器自检完成后进入检测界面开始检测，第2名拿笔和记录表同第1名前后进入模拟事故区域检测，由上风向下风、侧风向或指定区域连续检测，或对特定区域实施检测，检测完毕，举手示“好”。

听到“操作完成”的口令，参训队员将检测仪、防化服等器材复位，成立正姿势。

听到“入列”的口令，参训队员跑步入列。

4. 操作要求

操作中仪器要防止摔、碰、与水接触。

仪器不得在高浓度气体中长时间使用。

操作完毕后，应在新鲜空气中待仪器归零后关机。

5. 成绩评定

动作连贯，按照操作程序和要求完成全部操作，评为合格。

（三）多功能气象仪训练

1. 训练目的

通过训练，使参训人员掌握多功能气象仪的操作程序和方法，正确读出气象参数。

2. 场地器材

在平地上标出起点线，起点线前0.5m处标出器材线。器材线上放置多功能气象仪1部，检测记录表和笔1套。

3. 操作程序

参训队员在起点线一侧3m处站成一列横队。

听到“第一名出列”的口令，参训队员答“到”，并行进至起点线成立正姿势。

听到“准备器材”的口令，参训队员检查多功能气象仪外观及电池。

听到“预备”的口令，参训队员做好操作准备。

听到“开始”的口令，参训队员手持气象仪，然后按“开机”键，仪器开机，待仪器自检完成后进入检测界面，开始检测，依次查看风速、温度、湿度等内容并记录，检测完毕，举手示“好”。

听到“操作完成”的口令，参训队员将检测仪复位，成立正姿势。

听到“入列”的口令，参训队员跑步入列。

4. 操作要求

读取数值时，应等读数稳定后再读取。

当出现提示电池电量低时应及时更换电池。

5. 成绩评定

动作连贯，按照操作程序和要求完成全部操作，评为合格。

六、综合训练

（一）训练目的

通过训练，使参训人员熟悉各单项技术的综合应用，遇紧急情况时可快速反应，找出最佳的应对方法。

（二）场地器材

在训练场地模拟日常工作或事故现场应急服务场景，各自按分工开展工作，如图 10-6-4 所示。

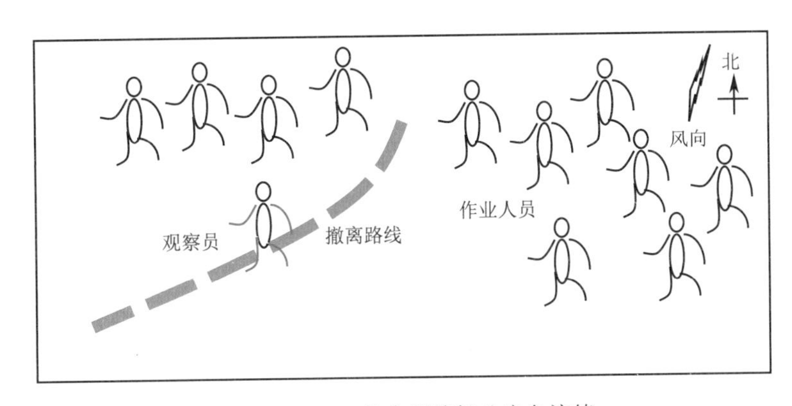

图 10-6-4　综合训练场地应急演练

（三）操作程序

日常工作人员着正常工装，事故现场应按模拟现场性质着防护装备，根据分工正常工作。

（1）听到“准备”的口令，模拟带队的参训队员应呼喊：“注意、注意，空气中有异味（可燃气体浓度升高，……），所有人员注意观察。”完成后举手示意。

（2）听到“预备”的口令，模拟带队的参训队员呼喊：“注意，停下工作，做好撤退准备”，其余人员应放下手中工具，用现有物品做好简易防护（如毛巾捂口鼻、或透明塑料套头等）准备，然后观察风向。

（3）听到“开始”的口令，第一步，参训队员（两名人员假装晕倒）其余快速有序向安全区撤离，待人员撤离至安全区域，带队人及时清点人数，询问缺少的两名人员，然后部署人员救助任务。第二步，救助人员按要求着个人防护用品后，进入原工作区域搜救人员，用徒手抬式法救出被困人员（可同时安排人员检测），完成后带队人举手示意。

（四）操作要求

（1）发现险情后，带队人应向所有队员及时说明，同时做好撤离部署，撤出危险区域后要及时清点人员，及时组织人员搜救、检测及情况上报。

(2) 撤离信号发出后，所有人员要及时做出反应（事前安排滞留人员走几步后坐卧地上），呼喊队员撤离，所有工作人员应立即停止工作，并放下工具，护住口鼻向上风或侧上风安全区域撤离。

(3) 如遇爆炸所有人员背向爆炸方位就地卧倒，脸朝下，双手抱头。爆炸结束后再迅速向安全区域撤离。

(五) 成绩评定

带队人组织安排到位，队员个人防护方法、撤离方向正确，救人、检测符合程序要求，评为合格。

七、指挥员训练

指挥员是应急救援中的决策运行关键点，是一个应急团队的灵魂，所以指挥员的职业素养左右着应急效率和成败，加强指挥员技术训练是提升专业素养的一个必经途径。

(一) 险情侦察训练

1. 训练目的

通过训练，使指挥员掌握险情侦察的内容、方法、步骤、手段，提高险情侦察能力。

2. 训练内容

(1) 险情侦察的内容。险情性质（泄漏、爆炸、着火），有无人员被困，人员所在区域，有无再次爆炸的可能，有无毒害、喷溅、触电、倒塌的危险，适时气象条件。进攻、撤退路线等。

(2) 险情侦察的方法。通过警情来源询问有关险情情况；现场询问知情人；现场通过仪器设备检测，现场观察标签、标识等相关资料；通过看、听、嗅等知觉感应判断等。

(3) 险情侦察的组织。班组行动时，由班组长及经验丰富的骨干队员1～3人组成，团队行动时由副指挥员和班组长1～3人组成。

(4) 险情侦察的要求。要按规定佩戴个人防护装备，携带侦检器材，规定好通信联络方式；必须通过危险（如高温、浓烟等）区域时应采取足够的防护措施。

3. 训练形式

采取桌面推演、想定作业、模拟演练、实战演练等方法组织训练。

4. 成绩评定

参训人员能全面、准确掌握侦察内容、方法、手段、要求，并能在训练中熟练运用，评为合格。

(二) 情况判断训练

1. 训练目的

通过训练，使指挥员掌握情况判断的内容、方法、步骤、手段，提高险情判断的能力。

2. 训练内容

(1) 险情判断的内容：险情发展方向、范围、途径和速度；对应急人员可能造成的危害；实施人员救助时救援人员受威胁的程度等。

（2）险情判断的依据：事故现场专业救援力量分布情况；险情是否被控制；现场的周边情况；气象条件及灾害中心是否存在未燃爆的大型储存设备等等。

（3）险情判断的要求：纵观全局，把握关键；突出重点，科学预判；合理冒险，留有余地。

3. 训练形式

理论学习、相关案例分析、桌面演练、实战演练等形式。

4. 成绩评定

参训人员能全面、准确掌握险情判断内容、依据、要求，并能在训练中熟练运用，评为合格。

（三）方案拟订训练

1. 训练目的

通过训练，使指挥员掌握方案拟定的内容、方法、要求，提高拟订方案的能力。

2. 训练内容

（1）方案的内容。明确应急服务任务，做好任务分工；明确服务目标及完成时限；明确服务中的安全及注意事项；突发险情的应对措施。

（2）方案拟订的依据。现场环境，应急救援力量，气象条件，应急救援服务的指导思想、战术原则、战术方法。

（3）方案拟定的要求。明确现场任务及目标；判断情况准备，科学权衡利弊；拟定多套方案备选。

3. 训练形式

可采取想定作业、模拟演练、实战演练等形式。

4. 成绩评定

参训人员能全面、准确掌握拟订方案的内容、依据、要求，并能在训练中熟练运用，评为合格。

（四）救援策略训练

1. 训练目的

通过训练，使指挥员掌握救援策略的内容、方法、要求，提高救援策略的能力。

2. 训练内容

（1）救援策略的内容。优先最佳方案；提出备选方案；确定救援策略中的主要内容，包括应急救援服务内容、服务主要方面、救援力量部署及后勤保障等。

（2）救援策略的方法。听取多方意见，集思广益，使决策更加科学高效；充分发挥各方面专家、技术人员在决策当中的智囊作用。

（3）救援策略的要求。坚决果敢，合理冒险，优中选优。

3. 训练形式

可采取想定作业、预案制订、模拟演练、实战演练等形式。

4. 成绩评定

参训人员能全面、准确掌握救援应急策略的内容、方法、要求，并能在训练中熟练运用，评为合格。

（五）应急行动部署训练

1．训练目的

通过训练，使指挥员掌握应急行动部署的内容、方法、要求，提高应急行动部署的能力。

2．训练内容

（1）应急行动部署的主要内容。向应急行动队伍下达应急行动任务、服务目标、服务内容、完成时限等。

（2）应急行动部署的主要方法。口头下达命令，书面下达命令，利用有线、无线等通信器材下达命令。

（3）应急行动部署的要求。下达任务指令坚决果断、准确清晰、简明扼要，并做好记录。

3．训练形式

可采取想定作业、预案制订、模拟演练、实战演练等形式。

4．成绩评定

参训人员能全面、准确掌应急行动部署的内容、方法、要求，并能在训练中熟练运用，评为合格。

（六）救援安全训练

1．训练目的

通过训练，使指挥员掌握救援安全的内容、方法、要求，提高保障救援行动的安全能力。

2．训练内容

（1）救援行动安全的基本内容。防中毒、防烧灼伤、防沸喷、防爆炸、防砸（摔）伤、防静电等。

（2）救援行动安全保障方法。针对事故现场的毒物、可燃、爆炸、浓烟、高温等危害，采取的救援人员安全防护措施。救援人员要按照规定标准佩戴个人防护装备，在进入事故现场内部前做好安全检查记录。

（3）选择正确的行动路线和服务地点，设置安全观察员注意现场形式变化。

（4）在有爆炸危险的区域时，要利用地形、地物进行遮挡保护，避免爆炸伤害。

（5）地形复杂、地面湿滑的场面需注意防滑、防碰撞。

（6）救援行动安全的基本要求。遵守事故现场行动要则，规范安全防护操作程序，严格落实安全防护措施。

3．训练形式

（1）开展经常性事故现场安全教育和安全培训。

（2）分析研究人员伤亡案例，研讨避免方法，制订针对性安全防范措施。

（3）采取模拟训练、实战演练等方法开展训练。

4．成绩评定

参训人员能全面、准确掌救援行动安全的内容、方法、要求，并能在训练中熟练运用，评为合格。

（七）救援行动结束训练

1. 训练目的

通过训练，使指挥员掌握救援行动结束的内容、方法、要求，做好行动结束后的各项工作。

2. 训练内容

救援行动结束的内容；救援服务行动终止，检查被服务部位情况；向指挥部请示确认；收捡归拢器材装备；清点人员等。

3. 救援行动结束方法

(1) 指挥员去现场指挥部请求确认，清点人员、装备。

(2) 救援行动结束的要求。明确收工任务，救援人员按各自分工展开工作；落实责任，指挥员抓好救援行动结束的落实，特别是人员清点。

4. 训练形式

采取模拟训练、实战演练等方法开展训练。

5. 成绩评定

参训人员能全面、准确掌握救援行动结束的内容、方法、要求，并能在训练中熟练运用，评为合格。

复习思考题

1. 应急队伍训练的重要意义是什么？你会以什么态度参加训练？

2. 危险化学品应急救援队伍训练（培训）计划制定的基本要求是什么？

3. 危险化学品应急救援队伍训练（培训）综合计划的内容是什么？

4. 危险化学品应急救援队伍训练（培训）专项计划包括哪些内容？

5. 危险化学品应急救援队伍训练（培训）准备的内容有哪些？

6. 怎样做好危险化学品应急救援队伍训练（培训）的思想准备工作？

7. 怎样做好危险化学品应急救援队伍训练（培训）的组织准备工作？

8. 怎样做好危险化学品应急救援队伍训练（培训）的物资准备工作？

9. 怎样做好危险化学品应急救援队伍训练（培训）的授课准备工作？

10. 做好危险化学品应急救援队伍训练保障的意义是什么？训练保障重点要做好哪些工作？

11. 危险化学品应急救援队伍技术训练的目的是什么？与其他业务训练相比有哪些显著特点？

12. 危险化学品应急救援队伍技术训练的四点要求是什么？

13. 危险化学品应急救援队伍技术训练的实施有哪些要求？

14. 危险化学品应急救援队伍技术训练的项目分为哪些？

15. 危险化学品应急救援队伍应急演练的重要意义是什么？

16. 危险化学品应急救援队伍队员个人防护训练的内容和要求是什么？

17. 危险化学品应急救援队伍队员自救互救训练的内容和要求是什么？

18. 危险化学品应急救援队伍队员综合训练的目的、内容和要求是什么？

19. 危险化学品应急救援队伍指挥员训练的内容和要求是什么？

附　录

附录1　应急管理法规标准清单表

法规名称	颁布机构	颁布日期	实施日期
	环境综合管理		
中华人民共和国突发事件应对法	全国人民代表大会常务委员会	2007年8月30日	2007年11月1日
中华人民共和国防洪法（2016修订）	全国人大常委会	2016年7月2日	1998年1月1日
中华人民共和国防震减灾法（2008修订）	全国人大常委会	2008年12月27日	2009年5月1日
中华人民共和国抗旱条例	国务院	2009年2月26日	2009年2月26日
突发事件应急预案管理办法	国务院办公厅	2013年10月25日	2013年10月25日
中华人民共和国船舶污染海洋环境应急防备和应急处置管理规定（2016年修订）	中华人民共和国交通运输部	2016年12月13日	2016年12月13日
突发环境事件信息报告办法（2011修订）	环境保护部	2011年4月18日	2006年3月31日
气象灾害预警信号发布与传播办法	气象局	2007年6月12日	2007年6月12日
铁路实施《中华人民共和国防汛条例》细则	铁道部	1992年8月11日	1992年8月11日
突发环境事件应急管理办法	中华人民共和国环境保护部	2015年3月19日	2015年6月5日
企业事业单位突发环境事件应急预案备案管理办法（试行）	环境保护部	2015年1月8日	2015年1月8日
重大水污染事件报告暂行办法	水利部	2000年7月3日	2000年7月3日
	安全综合管理		
突发事件应急预案管理办法	国务院办公厅	2013年10月25日	2013年10月25日
生产安全事故应急预案管理办法（2016修订）	国家安全生产监督管理总局（原国家安全生产监督管理局）	2016年6月3日	2016年7月1日
交通运输部安全生产事故责任追究办法（试行）	交通运输部	2014年5月31日	2014年7月1日
特种设备事故报告和调查处理规定	中华人民共和国国家质量监督检验检疫总局	2009年7月3日	2009年7月3日
城市轨道交通建设工程质量安全事故应急预案管理办法	住房和城乡建设部	2014年3月12日	2014年3月12日
电力企业应急预案管理办法	国家能源局	2014年11月27日	2014年11月27日
关于进一步加强安全生产应急预案管理工作的通知	国务院安委会	2015年7月23日	2015年7月23日

续表

法规名称	颁布机构	颁布日期	实施日期
事故管理			
生产安全事故应急处置评估暂行办法	国家安全生产监督管理总局（原国家安全生产监督管理局）	2014年9月22日	2014年9月22日
锅炉压力容器压力管道设备事故处理规定	劳动和社会保障部（含劳动部）（已撤销）	1997年10月14日	1997年10月14日
铁路交通事故应急救援和调查处理条例（2012修订）	国务院	2012年11月15日	2013年1月1日
核电厂严重事故管理导则的编制和实施（NB/T 20369—2016）	国家能源局	2016年1月7日	2016年6月1日
电子工业生产经营单位生产安全事故应急管理体系建立指南（SJ/T 11464—2013）	工业和信息化部	2014年7月9日	2015年1月1日
危险化学品事故应急救援指挥导则（AQ/T 3052—2015）	国家安全生产监督管理总局	2015年3月6日	2015年9月1日
重大毒气泄漏事故公众避难室通用技术要求（GB/T 35621—2017）	国家质量监督检验检疫总局、国家标准化管理委员会	2017年12月29日	2018年6月1日
重大毒气泄漏事故应急计划区划分方法（GB/T 35622—2017）	国家质量监督检验检疫总局、国家标准化管理委员会	2017年12月29日	2018年6月1日
海上石油设施逃生和救生安全规范（SY/T 6502—2017）	国家能源局	2017年11月15日	2018年3月1日
餐饮服务突发事件应急处置规范（SB/T 11047—2013）	商务部	2014年4月6日	2014年12月1日
风险&灾害评估			
突发环境事件应急处置阶段污染损害评估工作程序规定	环境保护部	2013年8月2日	2013年8月2日
输油站场管道和储罐泄漏的风险管理（SY/T 6830—2011）	国家能源局	2011年7月28日	2011年11月1日
船舶溢油应急能力评估导则（JT/T 877—2013）	交通运输部	2013年10月9日	2014年1月1日
核电厂运行期间应急准备与响应评价技术要求（NB/T 20294—2014）	国家能源局	2014年6月29日	2014年11月1日
企业职工伤亡事故分类标准（GB 6441—1986）	国家标准局	1986年5月31日	1987年2月1日
人身损害受伤人员误工损失日评定准则（GA/T 521—2004）	中华人民共和国公安部发	2004年11月9日	2005年3月1日
事故伤害损失工作日标准（GB/T 15499—1995）	国家技术监督局	1995年3月10日	1995年10月1日

续表

法 规 名 称	颁 布 机 构	颁布日期	实施日期
企业职工伤亡事故经济损失统计标准（GB 6721—1986）	国家标准局	1986年8月22日	1987年5月1日
预案编制＆评审			
企业突发环境事件风险评估指南（试行）	环境保护部	2014年4月3日	2014年4月3日
企业事业单位突发环境事件应急预案评审工作指南（试行）	环境保护部	2018年1月30日	2018年1月30日
行政区域突发环境事件风险评估推荐方法	环境保护部	2018年1月30日	2018年1月30日
尾矿库环境应急预案编制指南	环境保护部	2015年5月19日	2015年5月19日
石油化工企业环境应急预案编制指南	环境保护部	2010年1月28日	2010年1月28日
危险废物经营单位编制应急预案指南	国家环境保护总局	2007年7月4日	2007年7月4日
石油化工企业环境应急预案编制指南	环境保护部	2010年1月28日	2010年1月28日
生产经营单位生产安全事故应急预案评审指南（试行）	国家安全生产监督管理总局	2009年4月29日	2009年4月29日
海洋石油勘探开发溢油应急响应执行程序	国家海洋局	2006年8月23日	2006年8月23日
生产经营单位安全生产事故应急预案编制导则（AQ/T 9002—2006）	国家安全生产监督管理总局	2006年9月20日	2006年11月1日
涂装企业事故应急预案编制要求（AQ/T 5207—2011）	国家安全生产监督管理总局	2011年7月12日	2011年12月1日
含硫化氢天然气井站应急处置程序编写规则（SY/T 6819—2011）	国家能源局	2011年7月28日	2011年11月1日
生产经营单位生产安全事故应急预案编制导则（GB/T 29639—2013）	国家质量监督检验检疫总局、国家标准化管理委员会	2013年7月19日	2013年10月1日
防台风应急预案编制导则（SL 611—2012）	水利部	2012年10月8日	2013年1月8日
城市轨道交通运营突发事件应急预案编制规范（JT/T 1051—2016）	交通运输部	2016年4月8日	2016年7月1日
山洪灾害防御预案编制导则（SL 666—2014）	中华人民共和国水利部	2014年7月3日	2014年10月3日

续表

法规名称	颁布机构	颁布日期	实施日期
水库大坝安全管理应急预案编制导则（SL/Z 720—2015）	水利部	2015年9月22日	2015年12月22日
危险货物道路运输企业运输事故应急预案编制要求（JT/T 911—2014）	交通运输部	2014年6月27日	2014年11月1日
环境应急预案			
风暴潮、海浪、海啸和海冰灾害应急预案（2015修订）	国家海洋局	2015年5月28日	2015年5月28日
国家突发环境事件应急预案（2014修订）	国务院办公厅	2014年12月29日	2014年12月29日
国家地震应急预案（2012修订）	国务院	2012年8月28日	2006年1月10日
赤潮灾害应急预案	国家海洋局	2009年6月16日	2009年6月16日
国家防汛抗旱应急预案	国务院	2006年1月10日	2006年1月10日
安全应急预案			
国家安全生产事故灾难应急预案	国务院	2006年1月22日	2006年1月22日
陆上石油天然气开采事故灾难应急预案	国家安全生产监督管理总局	2006年10月1日	2006年10月1日
海洋石油天然气作业事故灾难应急预案	国家安全生产监督管理总局	2000年1月1日	2000年1月1日
冶金事故灾难应急预案	国家安全生产监督管理总局	2000年1月1日	2000年1月1日
陆上石油天然气储运事故灾难应急预案	国家安全生产监督管理总局	2006年10月1日	2006年10月1日
矿山事故灾难应急预案	安全监管总局	2006年10月1日	2006年10月1日
电力系统破坏性地震应急预案	电力工业部	1997年3月10日	1997年3月10日
公路交通突发事件应急预案（2009修订）	交通运输部	2009年5月12日	2009年5月12日
《国家环保总局核事故应急预案》和《国家环保总局辐射事故应急预案》的通知	国家环境保护总局	2007年1月30日	2007年1月30日
国家处置电网大面积停电事件应急预案	国务院	2006年1月23日	2006年1月23日
特种设备特大事故应急预案	国家质量监督检验检疫总局	2005年6月30日	2005年6月30日
南水北调工程建设重特大安全事故应急预案	国务院南水北调办公室	2006年3月17日	2006年3月17日
铜加工企业安全生产综合应急预案（GB/T 30017—2013）	国家质检总局、国家标准委	2013年11月27日	2014年8月1日

续表

法规名称	颁布机构	颁布日期	实施日期
卫生应急预案			
卫生部突发中毒事件卫生应急预案	卫生部	2011年5月12日	2011年5月12日
卫生部核事故和辐射事故卫生应急预案（2009修订）	卫生部	2009年10月15日	2009年10月15日
突发中毒事件卫生应急处置15个技术方案的通知	中华人民共和国卫生部	2011年7月7日	2011年7月7日
高温中暑事件卫生应急预案	卫生部、国家气象局	2007年7月19日	2007年7月19日
全国高致病性禽流感应急预案	国务院办公厅	2004年2月3日	2004年2月3日
关于转发卫生部国家鼠疫控制应急预案的通知	国务院办公厅	2007年6月26日	2007年6月26日
应急演练			
地震应急演练指南	中国地震局（原国家地震局）	2011年7月15日	2011年7月15日
生产安全事故应急演练指南（AQ/T 9007—2011）	国家安全生产监督管理总局	2011年4月19日	2011年9月1日
生产安全事故应急演练评估规范（AQ/T 9009—2015）	国家安全生产监督管理总局	2015年3月6日	2015年9月1日
应急处置			
核与放射事故干预及医学处理原则（GBZ 113—2006）	国家卫生部	2006年11月3日	2007年4月1日
醚类物质泄漏的处理处置方法（HG/T 4839—2015）	工业和信息化部	2015年10月10日	2016年3月1日
酮类物质泄漏的处理处置方法（HG/T 4840—2015）	工业和信息化部	2015年10月10日	2016年3月1日
苯胺泄漏的处理处置方法（HG/T 4841—2015）	工业和信息化部	2015年10月10日	2016年3月1日
酯类物质泄漏的处理处置方法（HG/T 4838—2015）	工业和信息化部	2015年10月10日	2016年3月1日
海上石油设施应急报警信号规定（SY/T 6633—2005）	国家发展和改革委员会	2005年7月26日	2005年10月1日
应急设施			
危险化学品单位应急救援物资配备要求（GB 30077—2013）	国家质检总局 国家标准委	2013年12月17日	2014年11月1日
油气管道安全预警系统技术规范（SY/T 6827—2011）	国家能源局	2011年7月28日	2011年11月1日

续表

法规名称	颁布机构	颁布日期	实施日期
工商业电力用户应急电源配置技术导则（DL/T 268—2012）	国家能源局	2012年4月6日	2012年7月1日
内河船舶救生浮具　睡垫、枕头、座垫（GB 14035—2018）	国家质量监督检验检疫总局、国家标准化管理委员会	2018年2月6日	2018年9月1日

附录2　国家大面积停电事件应急预案

国务院办公厅关于印发
国家大面积停电事件应急预案的通知

（国办函〔2015〕134号）

各省、自治区、直辖市人民政府，国务院各部委、各直属机构：

经国务院同意，现将《国家大面积停电事件应急预案》印发给你们，请认真组织实施。2005年5月24日经国务院批准、由国务院办公厅印发的《国家处置电网大面积停电事件应急预案》同时废止。

国务院办公厅

2015年11月13日

（此件公开发布）

国家大面积停电事件应急预案

目　　录

1 总则

1.1 编制目的

建立健全大面积停电事件应对工作机制，提高应对效率，最大程度减少人员伤亡和财产损失，维护国家安全和社会稳定。

1.2 编制依据

依据《中华人民共和国突发事件应对法》《中华人民共和国安全生产法》《中华人民共和国电力法》《生产安全事故报告和调查处理条例》《电力安全事故应急处置和调查处理条例》《电网调度管理条例》《国家突发公共事件总体应急预案》及相关法律法规等，制定本预案。

1.3 适用范围

本预案适用于我国境内发生的大面积停电事件应对工作。

大面积停电事件是指由于自然灾害、电力安全事故和外力破坏等原因造成区域性电网、省级电网或城市电网大量减供负荷，对国家安全、社会稳定以及人民群众生产生活造成影响和威胁的停电事件。

1.4 工作原则

大面积停电事件应对工作坚持统一领导、综合协调，属地为主、分工负责，保障民生、维护安全，全社会共同参与的原则。大面积停电事件发生后，地方人民政府及其有关部门、能源局相关派出机构、电力企业、重要电力用户应立即按照职责分工和相关预案开展处置工作。

1.5 事件分级

按照事件严重性和受影响程度，大面积停电事件分为特别重大、重大、较大和一般四级。分级标准见附件1。

2 组织体系

2.1 国家层面组织指挥机构

能源局负责大面积停电事件应对的指导协调和组织管理工作。当发生重大、特别重大大面积停电事件时，能源局或事发地省级人民政府按程序报请国务院批准，或根据国务院领导同志指示，成立国务院工作组，负责指导、协调、支持有关地方人民政府开展大面积停电事件应对工作。必要时，由国务院或国务院授权发展改革委成立国家大面积停电事件应急指挥部，统一领导、组织和指挥大面积停电事件应对工作。应急指挥部组成及工作组职责见附件2。

2.2 地方层面组织指挥机构

县级以上地方人民政府负责指挥、协调本行政区域内大面积停电事件应对工作，要结合本地实际，明确相应组织指挥机构，建立健全应急联动机制。

发生跨行政区域的大面积停电事件时，有关地方人民政府应根据需要建立跨区域大面积停电事件应急合作机制。

2.3 现场指挥机构

负责大面积停电事件应对的人民政府根据需要成立现场指挥部，负责现场组织指挥工作。参与现场处置的有关单位和人员应服从现场指挥部的统一指挥。

2.4 电力企业

电力企业（包括电网企业、发电企业等，下同）建立健全应急指挥机构，在政府组织指挥机构领导下开展大面积停电事件应对工作。电网调度工作按照《电网调度管理条例》及相关规程执行。

2.5 专家组

各级组织指挥机构根据需要成立大面积停电事件应急专家组，成员由电力、气象、地质、水文等领域相关专家组成，对大面积停电事件应对工作提供技术咨询和建议。

3 监测预警和信息报告

3.1 监测和风险分析

电力企业要结合实际加强对重要电力设施设备运行、发电燃料供应等情况的监测，建立与气象、水利、林业、地震、公安、交通运输、国土资源、工业和信息化等部门的信息共享机制，及时分析各类情况对电力运行可能造成的影响，预估可能影响的范围和程度。

3.2 预警

3.2.1 预警信息发布

电力企业研判可能造成大面积停电事件时，要及时将有关情况报告受影响区域地方人民政府电力运行主管部门和能源局相关派出机构，提出预警信息发布建议，并视情通知重要电力用户。地方人民政府电力运行主管部门应及时组织研判，必要时报请当地人民政府批准后向社会公众发布预警，并通报同级其他相关部门和单位。当可能发生重大以上大面积停电事件时，中央电力企业同时报告能源局。

3.2.2 预警行动

预警信息发布后，电力企业要加强设备巡查检修和运行监测，采取有效措施控制事态发展；组织相关应急救援队伍和人员进入待命状态，动员后备人员做好参加应急救援和处置工作准备，并做好大面积停电事件应急所需物资、装备和设备等应急保障准备工作。重要电力用户做好自备应急电源启用准备。受影响区域地方人民政府启动应急联动机制，组织有关部门和单位做好维持公共秩序、供水供气供热、商品供应、交通物流等方面的应急准备；加强相关舆情监测，主动回应社会公众关注的热点问题，及时澄清谣言传言，做好舆论引导工作。

3.2.3 预警解除

根据事态发展，经研判不会发生大面积停电事件时，按照“谁发布、谁解除”的原则，由发布单位宣布解除预警，适时终止相关措施。

3.3 信息报告

大面积停电事件发生后，相关电力企业应立即向受影响区域地方人民政府电力运行主管部门和能源局相关派出机构报告，中央电力企业同时报告能源局。

事发地人民政府电力运行主管部门接到大面积停电事件信息报告或者监测到相关信息后，应当立即进行核实，对大面积停电事件的性质和类别作出初步认定，按照国家规定的时限、程序和要求向上级电力运行主管部门和同级人民政府报告，并通报同级其他相关部门和单位。地方各级人民政府及其电力运行主管部门应当按照有关规定逐级上报，必要时可越级上报。能源局相关派出机构接到大面积停电事件报告后，应当立即核实有关情况并向能源局报告，同时通报事发地县级以上地方人民政府。对初判为重大以上的大面积停电事件，省级人民政府和能源局要立即按程序向国务院报告。

4 应急响应

4.1 响应分级

根据大面积停电事件的严重程度和发展态势，将应急响应设定为Ⅰ级、Ⅱ级、Ⅲ级和Ⅳ级四个等级。初判发生特别重大大面积停电事件，启动Ⅰ级应急响应，由事发地省级人民政府负责指挥应对工作。必要时，由国务院或国务院授权发展改革委成立国家大面积停电事件应急指挥部，统一领导、组织和指挥大面积停电事件应对工作。初判发生重大大面积停电事件，启动Ⅱ级应急响应，由事发地省级人民政府负责指挥应对工作。初判发生较大、一般大面积停电事件，分别启动Ⅲ级、Ⅳ级应急响应，根据事件影响范围，由事发地县级或市级人民政府负责指挥应对工作。

对于尚未达到一般大面积停电事件标准，但对社会产生较大影响的其他停电事件，地方人民政府可结合实际情况启动应急响应。

应急响应启动后，可视事件造成损失情况及其发展趋势调整响应级别，避免响应不足或响应过度。

4.2 响应措施

大面积停电事件发生后，相关电力企业和重要电力用户要立即实施先期处置，全力控制事件发展态势，减少损失。各有关地方、部门和单位根据工作需要，组织采取以下措施。

4.2.1 抢修电网并恢复运行

电力调度机构合理安排运行方式，控制停电范围；尽快恢复重要输变电设备、电力主干网架运行；在条件具备时，优先恢复重要电力用户、重要城市和重点地区的电力供应。

电网企业迅速组织力量抢修受损电网设备设施，根据应急指挥机构要求，向重要电力用户及重要设施提供必要的电力支援。

发电企业保证设备安全，抢修受损设备，做好发电机组并网运行准备，按照电力调度指令恢复运行。

4.2.2 防范次生衍生事故

重要电力用户按照有关技术要求迅速启动自备应急电源，加强重大危险源、重要目标、重大关键基础设施隐患排查与监测预警，及时采取防范措施，防止发生次生衍生事故。

4.2.3 保障居民基本生活

启用应急供水措施，保障居民用水需求；采用多种方式，保障燃气供应和采暖期内居民生活热力供应；组织生活必需品的应急生产、调配和运输，保障停电期间居民基本生活。

4.2.4 维护社会稳定

加强涉及国家安全和公共安全的重点单位安全保卫工作，严密防范和严厉打击违法犯罪活动。加强对停电区域内繁华街区、大型居民区、大型商场、学校、医院、金融机构、机场、城市轨道交通设施、车站、码头及其他重要生产经营场所等重点地区、重点部位、人员密集场所的治安巡逻，及时疏散人员，解救被困人员，防范治安事件。加强交通疏导，维护道路交通秩序。尽快恢复企业生产经营活动。严厉打击造谣惑众、囤积居奇、哄抬物价等各种违法行为。

4.2.5 加强信息发布

按照及时准确、公开透明、客观统一的原则，加强信息发布和舆论引导，主动向社会发布停电相关信息和应对工作情况，提示相关注意事项和安保措施。加强舆情收集分析，及时回应社会关切，澄清不实信息，正确引导社会舆论，稳定公众情绪。

4.2.6 组织事态评估

及时组织对大面积停电事件影响范围、影响程度、发展趋势及恢复进度进行评估，为进一步做好应对工作提供依据。

4.3 国家层面应对

4.3.1 部门应对

初判发生一般或较大大面积停电事件时，能源局开展以下工作：

（1）密切跟踪事态发展，督促相关电力企业迅速开展电力抢修恢复等工作，指导督促地方有关部门做好应对工作；

（2）视情派出部门工作组赴现场指导协调事件应对等工作；

（3）根据中央电力企业和地方请求，协调有关方面为应对工作提供支援和技术支持；

（4）指导做好舆情信息收集、分析和应对工作。

4.3.2 国务院工作组应对

初判发生重大或特别重大大面积停电事件时，国务院工作组主要开展以下工作：

（1）传达国务院领导同志指示批示精神，督促地方人民政府、有关部门和中央电力企业贯彻落实；

（2）了解事件基本情况、造成的损失和影响、应对进展及当地需求等，根据地方和中央电力企业请求，协调有关方面派出应急队伍、调运应急物资和装备、安排专家和技术人员等，为应对工作提供支援和技术支持；

（3）对跨省级行政区域大面积停电事件应对工作进行协调；

（4）赶赴现场指导地方开展事件应对工作；

（5）指导开展事件处置评估；

（6）协调指导大面积停电事件宣传报道工作；

（7）及时向国务院报告相关情况。

4.3.3 国家大面积停电事件应急指挥部应对

根据事件应对工作需要和国务院决策部署，成立国家大面积停电事件应急指挥部。主要开展以下工作：

（1）组织有关部门和单位、专家组进行会商，研究分析事态，部署应对工作；

（2）根据需要赴事发现场，或派出前方工作组赴事发现场，协调开展应对工作；

（3）研究决定地方人民政府、有关部门和中央电力企业提出的请求事项，重要事项报国务院决策；

（4）统一组织信息发布和舆论引导工作；

（5）组织开展事件处置评估；

（6）对事件处置工作进行总结并报告国务院。

4.4 响应终止

同时满足以下条件时，由启动响应的人民政府终止应急响应：

（1）电网主干网架基本恢复正常，电网运行参数保持在稳定限额之内，主要发电厂机组运行稳定；

（2）减供负荷恢复80%以上，受停电影响的重点地区、重要城市负荷恢复90%以上；

（3）造成大面积停电事件的隐患基本消除；

（4）大面积停电事件造成的重特大次生衍生事故基本处置完成。

5　后期处置

5.1　处置评估

大面积停电事件应急响应终止后，履行统一领导职责的人民政府要及时组织对事件处置工作进行评估，总结经验教训，分析查找问题，提出改进措施，形成处置评估报告。鼓励开展第三方评估。

5.2　事件调查

大面积停电事件发生后，根据有关规定成立调查组，查明事件原因、性质、影响范围、经济损失等情况，提出防范、整改措施和处理处置建议。

5.3　善后处置

事发地人民政府要及时组织制订善后工作方案并组织实施。保险机构要及时开展相关理赔工作，尽快消除大面积停电事件的影响。

5.4　恢复重建

大面积停电事件应急响应终止后，需对电网网架结构和设备设施进行修复或重建的，由能源局或事发地省级人民政府根据实际工作需要组织编制恢复重建规划。相关电力企业和受影响区域地方各级人民政府应当根据规划做好受损电力系统恢复重建工作。

6　保障措施

6.1　队伍保障

电力企业应建立健全电力抢修应急专业队伍，加强设备维护和应急抢修技能方面的人员培训，定期开展应急演练，提高应急救援能力。地方各级人民政府根据需要组织动员其他专业应急队伍和志愿者等参与大面积停电事件及其次生衍生灾害处置工作。军队、武警部队、公安消防等要做好应急力量支援保障。

6.2　装备物资保障

电力企业应储备必要的专业应急装备及物资，建立和完善相应保障体系。国家有关部门和地方各级人民政府要加强应急救援装备物资及生产生活物资的紧急生产、储备调拨和紧急配送工作，保障支援大面积停电事件应对工作需要。鼓励支持社会化储备。

6.3　通信、交通与运输保障

地方各级人民政府及通信主管部门要建立健全大面积停电事件应急通信保障体系，形成可靠的通信保障能力，确保应急期间通信联络和信息传递需要。交通运输部门要健全紧急运输保障体系，保障应急响应所需人员、物资、装备、器材等的运输；公安部门要加强交通应急管理，保障应急救援车辆优先通行；根据全面推进公务用车制度改革有关规定，有关单位应配备必要的应急车辆，保障应急救援需要。

6.4　技术保障

电力行业要加强大面积停电事件应对和监测先进技术、装备的研发，制定电力应急技术标准，加强电网、电厂安全应急信息化平台建设。有关部门要为电力日常监测预警及电力应急抢险提供必要的气象、地质、水文等服务。

6.5　应急电源保障

提高电力系统快速恢复能力，加强电网“黑启动”能力建设。国家有关部门和电力企业应充分考虑电源规划布局，保障各地区“黑启动”电源。电力企业应配备适量的应急发电装备，必要时提供应急电源支援。重要电力用户应按照国家有关技术要求配置应急电源，并加强维护和管理，确保应急状态下能够投入运行。

6.6　资金保障

发展改革委、财政部、民政部、国资委、能源局等有关部门和地方各级人民政府以及各相关电力企业应按照有关规定，对大面积停电事件处置工作提供必要的资金保障。

7　附则

7.1　预案管理

本预案实施后，能源局要会同有关部门组织预案宣传、培训和演练，并根据实际情况，适时组织评估和修订。地方各级人民政府要结合当地实际制定或修订本级大面积停电事件应急预案。

7.2　预案解释

本预案由能源局负责解释。

7.3　预案实施时间

本预案自印发之日起实施。

附件　1. 大面积停电事件分级标准

　　　2. 国家大面积停电事件应急指挥部组成及工作组职责

附件1　大面积停电事件分级标准

一、特别重大大面积停电事件

1. 区域性电网：减供负荷30%以上。

2. 省、自治区电网：负荷20000兆瓦以上的减供负荷30%以上，负荷5000兆瓦以上20000兆瓦以下的减供负荷40%以上。

3. 直辖市电网：减供负荷50%以上，或60%以上供电用户停电。

4. 省、自治区人民政府所在地城市电网：负荷2000兆瓦以上的减供负荷60%以上，或70%以上供电用户停电。

二、重大大面积停电事件

1. 区域性电网：减供负荷10%以上30%以下。

2. 省、自治区电网：负荷20000兆瓦以上的减供负荷13%以上30%以下，负荷5000兆瓦以上20000兆瓦以下的减供负荷16%以上40%以下，负荷1000兆瓦以上5000兆瓦以下的减供负荷50%以上。

3. 直辖市电网：减供负荷20%以上50%以下，或30%以上60%以下供电用户停电。

4. 省、自治区人民政府所在地城市电网：负荷2000兆瓦以上的减供负荷40%以上60%以下，或50%以上70%以下供电用户停电；负荷2000兆瓦以下的减供负荷40%以上，或50%以上供电用户停电。

5. 其他设区的市电网：负荷600兆瓦以上的减供负荷60%以上，或70%以上供电用户停电。

三、较大大面积停电事件

1. 区域性电网：减供负荷7%以上10%以下。

2. 省、自治区电网：负荷20000兆瓦以上的减供负荷10%以上13%以下，负荷5000兆瓦以上20000兆瓦以下的减供负荷12%以上16%以下，负荷1000兆瓦以上5000兆瓦以下的减供负荷20%以上50%以下，负荷1000兆瓦以下的减供负荷40%以上。

3. 直辖市电网：减供负荷10%以上20%以下，或15%以上30%以下供电用户停电。

4. 省、自治区人民政府所在地城市电网：减供负荷20%以上40%以下，或30%以上50%以下供电用户停电。

5. 其他设区的市电网：负荷600兆瓦以上的减供负荷40%以上60%以下，或50%以上70%以下供电用户停电；负荷600兆瓦以下的减供负荷40%以上，或50%以上供电用户停电。

6. 县级市电网：负荷150兆瓦以上的减供负荷60%以上，或70%以上供电用户停电。

四、一般大面积停电事件

1. 区域性电网：减供负荷4%以上7%以下。

2. 省、自治区电网：负荷20000兆瓦以上的减供负荷5%以上10%以下，负荷5000兆瓦以上20000兆瓦以下的减供负荷6%以上12%以下，负荷1000兆瓦以上5000兆瓦以下的减供负荷10%以上20%以下，负荷1000兆瓦以下的减供负荷25%以上40%以下。

3. 直辖市电网：减供负荷5%以上10%以下，或10%以上15%以下供电用户停电。

4. 省、自治区人民政府所在地城市电网：减供负荷10%以上20%以下，或15%以上30%以下供电用户停电。

5. 其他设区的市电网：减供负荷20%以上40%以下，或30%以上50%以下供电用户停电。

6. 县级市电网：负荷150兆瓦以上的减供负荷40%以上60%以下，或50%以上70%以下供电用户停电；负荷150兆瓦以下的减供负荷40%以上，或50%以上供电用户停电。

上述分级标准有关数量的表述中，“以上”含本数，“以下”不含本数。

附件2 国家大面积停电事件应急指挥部组成及工作组职责

国家大面积停电事件应急指挥部主要由发展改革委、中央宣传部（新闻办）、中央网信办、工业和信息化部、公安部、民政部、财政部、国土资源部、住房城乡建设部、交通运输部、水利部、商务部、国资委、新闻出版广电总局、安全监管总局、林业局、地震局、气象局、能源局、测绘地信局、铁路局、民航局、总参作战部、武警总部、中国铁路总公司、国家电网公司、中国南方电网有限责任公司等部门和单位组成，并可根据应对工作需要，增加有关地方人民政府、其他有关部门和相关电力企业。

国家大面积停电事件应急指挥部设立相应工作组，各工作组组成及职责分工如下：

一、电力恢复组。由发展改革委牵头，工业和信息化部、公安部、水利部、安全监管总局、林业局、地震局、气象局、能源局、测绘地信局、总参作战部、武警总部、国家电网公司、中国南方电网有限责任公司等参加，视情增加其他电力企业。

主要职责：组织进行技术研判，开展事态分析；组织电力抢修恢复工作，尽快恢复受影响区域供电工作；负责重要电力用户、重点区域的临时供电保障；负责组织跨区域的电力应急抢修恢复协调工作；协调军队、武警有关力量参与应对。

二、新闻宣传组。由中央宣传部（新闻办）牵头，中央网信办、发展改革委、工业和信息化部、公安部、新闻出版广电总局、安全监管总局、能源局等参加。

主要职责：组织开展事件进展、应急工作情况等权威信息发布，加强新闻宣传报道；收集分析国内外舆情和社会公众动态，加强媒体、电信和互联网管理，正确引导舆论；及时澄清不实信息，回应社会关切。

三、综合保障组。由发展改革委牵头，工业和信息化部、公安部、民政部、财政部、国土资源部、住房城乡建设部、交通运输部、水利部、商务部、国资委、新闻出版广电总局、能源局、铁路局、民航局、中国铁路总公司、国家电网公司、中国南方电网有限责任公司等参加，视情增加其他电力企业。

主要职责：对大面积停电事件受灾情况进行核实，指导恢复电力抢修方案，落实人员、资金和物资；组织做好应急救援装备物资及生产生活物资的紧急生产、储备调拨和紧急配送工作；及时组织调运重要生活必需品，保障群众基本生活和市场供应；维护供水、供气、供热、通信、广播电视等设施正常运行；维护铁路、道路、水路、民航等基本交通运行；组织开展事件处置评估。

四、社会稳定组。由公安部牵头，中央网信办、发展改革委、工业和信息化部、民政部、交通运输部、商务部、能源局、总参作战部、武警总部等参加。

主要职责：加强受影响地区社会治安管理，严厉打击借机传播谣言制造社会恐慌，以及趁机盗窃、抢劫、哄抢等违法犯罪行为；加强转移人员安置点、救灾物资存放点等重点地区治安管控；加强对重要生活必需品等商品的市场监管和调控，打击囤积居奇行为；加强对重点区域、重点单位的警戒；做好受影响人员与涉事单位、地方人民政府及有关部门矛盾纠纷化解等工作，切实维护社会稳定。

附录3　工业管道的基本识别色、识别符号和安全标识

(GB 7231—2003)

(国家质量监督检验检疫总局发布，2003年10月1日实施)

前　言

本标准第4章4.1；第6章6.1、6.2为强制性的，其余为推荐性的。

本标准是对GB 7231—1987《工业管路的基本识别色和识别符号》首次进行修订。

本标准是参考德国DIN 2403—1984《管道按流体介质的标识》和日本JIS9102—1987《配管系的识别显示》修订的。

为了便于工业管道内的物质识别，本标准的基本识别色由原来的七种颜色增加到八种颜色，管道内物质的标识方法由原来的二种提高到五种。

本标准的附录A是标准的附录。

本标准自实施之日起，代替GB 7231—1987。

本标准由国家经济贸易委员会安全生产局提出和归口。

本标准负责起草单位：上海市劳动保护科学研究所。

本标准参加起草单位：上海氯碱化工股份有限公司。

本标准主要起草人：沈国定、郑宝琴、吴高兴。

1　范围

本标准规定了工业管道的基本识别色、识别符号和安全标识。

本标准适用于工业生产中非地下埋没的气体和液体的输送管道。

2　引用标准

下列标准所包含的条文，通过在本标准中引用而构成为本标准的条文。本标准出版时，所示版本均为有效。所有标准都会被修订，使用本标准的各方应探讨使用下列标准最新版本的可能性。

GB 2893—1982 安全色

GB 13495—1992 消防安全标志

GB 13690—1992 常用危险化学品的分类及标志

3　定义

本标准采用下列定义

3.1　识别色 identification colors

用以识别工业管道内物质种类的颜色。

3.2 识别符号 code indications

用以识别工业管道内的物质名称和状态的记号。

3.3 危险标识 danger label

表示工业管道内的物质为危险化学品。

3.4 消防标识 fire label

表示工业管道内的物质专用于灭火。

4 基本识别色

4.1 根据管道内物质的一般性能，分为八类，并相应规定了八种基本识别色和相应的颜色标准编号及色样（见表1）。

表1　八种基本识别色和色样及颜色标准编号

物质种类	基本识别色	色样	颜色标准编号
水	艳绿		G03
水蒸气	大红		R03
空气	淡灰		B03
气体	中黄		Y07
酸或碱	紫		P02
可燃液体	棕		YR05
其他液体	黑		
氧	淡蓝		PB06

4.2 基本识别色标识方法

工业管道的基本识别色标识方法，使用方应从以下五种方法中选择。应用举例见附录A（标准的附录）。

a）管道全长上标识；

b）在管道上以宽为150mm的色环标识；

c）在管道上以长方形的识别色标牌标识；

d）在管道上以带箭头的长方形识别色标牌标识；

e）在管道上以系挂的识别色标牌标识。

4.3 当采用4.2中b）、c）、d）、e）方法时，二个标识之间的最小距离应为10m。

4.4 4.2中c）、d）、e）的标牌最小尺寸应以能清楚观察识别色来确定。

4.5 当管道采用4.2中b）、c）、d）、e）基本识别色标识方法时，其标识的场所应该包括所有管道的起点、终点、交叉点、转弯处、阀门和穿墙孔两侧等的管道上和其他需要标识的部位。

5 识别符号

工业管道的识别符号由物质名称、流向和主要工艺参数等组成，其标识应符合下列要求：

5.1 物质名称的标识

a）物质全称。例如：氮气、硫酸、甲醇。

b）化学分子式。例如：N_2、H_2SO_4、CH_3OH。

5.2 物质流向的标识

a）工业管道内物质的流向用箭头表示［见附录A图A1中的a）图］，如果管道内物质的流向是双向的，则以双向箭头表示［见附录A图A1中的b）图］。

b）当基本识别色的标识方法采用4.2中d）和e）时，则标牌的指向就作为表示管道内的物质流向［见附录A图A1中的c）和d）图］，如果管道内物质流向是双向的，则标牌指向应做成双向的［见附录A图A1中的e）图］。

5.3 物质的压力、温度、流速等主要工艺参数的标识，使用方可按需自行确定采用。

5.4 5.1和5.3中的字母、数字的最小字体，以及5.2中箭头的最小外形尺寸，应以能清楚观察识别符号来确定。

6 安全标识

6.1 危险标识

a）适用范围：管道内的物质，凡属于GB 13690所列的危险化学品，其管道应设置危险标识。

b）表示方法：在管道上涂150mm宽黄色，在黄色两侧各涂25mm宽黑色的色环或色带（见附录A），安全色范围应符合GB 2893的规定。

c）表示场所：基本识别色的标识上或附近。

6.2 消防标识

工业生产中设置的消防专用管道应遵守GB 13495—1992的规定，并在管道上标识“消防专用”识别符号。标识部位、最小字体应分别符合4.5、5.4的规定。

附录A

（标准的附录）

基本识别色和识别符号标识方法应用举例

A1 基本识别色和流向、压力、温度等标识方法参考图（图A1）

A2 危险化学品和物质名称标识方法参考图（图A2）

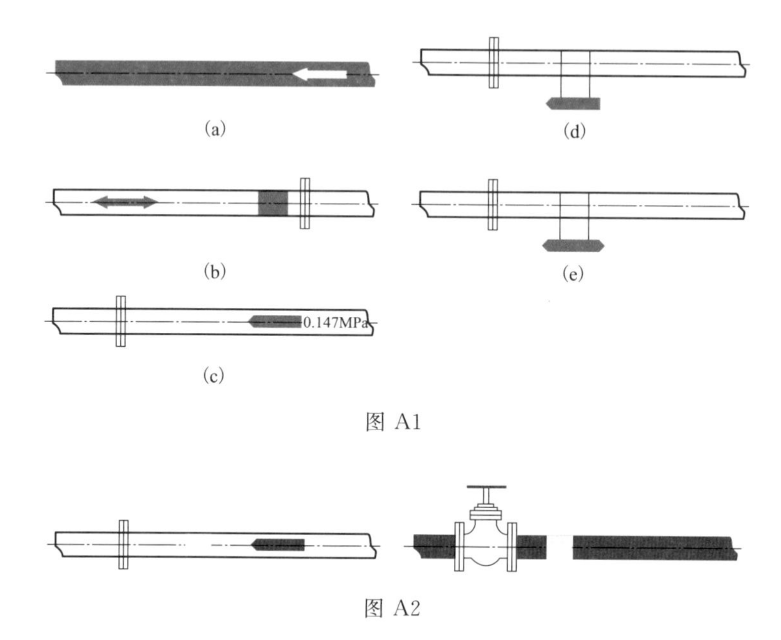

图 A1

图 A2

参 考 文 献

[1] 康青春，姜自清，田亮本．抢险救援理论与实践［M］．北京：中国人民公安大学出版社，2005.

[2] 李晋．化工安全技术与典型事故剖析［M］．成都：四川大学出版社，2012.

[3] 周志俊．化学毒物危害与控制［M］．北京：化学工业出版社，2007.

[4] 何光欲，等．危险化学品事故处理与应急预案［M］．2 版．北京：中国石化出版社，2010.

[5] 王晋生．电力生产危险化学品安全使用与现场应急处置［M］．北京：中国电力出版社，2019.